Ina Hoffmann * Angela Hoffmann

Natur entdecken

Tiere und Pflanzen im Wald und auf der Wiese

Mit Bildern von Johann Brandstetter, Thomas Müller und Heinz-Helge Schulze

Sammelband

Arena

FSC
Mix
Produktgruppe aus vorbildlich bewirtschafteten Wäldern,
kontrollierten Herkünften und Recyclingholz oder -fasern
Zert.-Nr. SGS-COC-003210 www.fsc.org
© 1996 Forest Stewardship Council

Dieser Sammelband enthält die Titel
Ensslin Naturwissen, Lebensräume entdecken, Der Wald
und
Ensslin Naturwissen, Lebensräume entdecken, Wiese und Hecke

1. Auflage 2010

Illustrationen: Johann Brandstetter (Wald, S. 128–130), Thomas Müller (Wiese und Hecke),
Heinz-Helge Schulze (Wiese und Hecke: S. 86 – 105, 131 – 133)
Gesamtherstellung: Westermann Druck Zwickau GmbH
ISBN 978-3-401-45394-1

www.arena-verlag.de

Ina Hoffmann
ist als Vorsitzende eines Fördervereins mitverantwortlich, das pädagogische Konzept für eine Waldschule zu entwickeln. Sie ist Leiterin einer Grundschule.
Ina Hoffmann war auch in der Lehrerausbildung tätig.
Im Arena Verlag hat sie zahlreiche Sachbücher, Lernspiele und Übungshefte veröffentlicht.

Angela Hoffmann
studierte Biologie an der Technischen Universität mit Schwerpunkt Zoologie und Ökologie.
Seit 1994 ist sie als Studienleiterin in einem biologischen Institut beschäftigt.

Johann Brandstetter
geboren 1959, absolvierte seine Ausbildung in klassischer Malerei und Restauration.
Heute arbeitet er erfolgreich als Kinder-, Jugend- und Naturbuchillustrator.
Mehrere seiner Bücher wurden von der Deutschen Akademie für Kinder- und Jugendliteratur ausgezeichnet.

Thomas Müller,
geboren 1955 in Döbeln, hat an der Hochschule für Grafik und Buchkunst in Leipzig studiert und lebt heute als freier Illustrator in Leipzig.

Heinz-Helge Schulze,
geboren 1947, studierte Theaterkunstmalerei an der Fachhochschule der Bildenden Künste in Dresden. Er arbeitete für Kinderzeitschriften, bevor er 1984 als Buchillustrator im Tier- und Pflanzenbereich tätig wurde.
Seit vielen Jahren illustriert er freiberuflich Kindersachbücher für die verschiedensten Verlage.
Der Natur ist er als Jäger, Angler und Ponyfreund besonders verbunden.

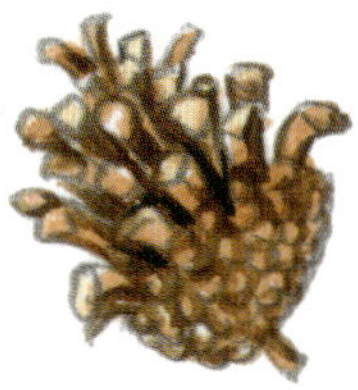

Inhalt: Der Wald

Inhalt: Wiese und Hecke

Ina Hoffmann * Angela Hoffmann

Natur entdecken

Der Wald

Mit Bildern von Johann Brandstetter

Der Wald – ein Abenteuer

Ein bekanntes Sprichwort sagt: »Der Wald ist mehr als lauter Bäume.« Und das stimmt! Der Wald ist ein großes Abenteuer, denn dort gibt es viel Spannendes zu erleben. Wenn man genau hinschaut und hinhört, entdeckt man Tiere und Pflanzen, mit denen man vielleicht gar nicht gerechnet hätte. Dabei sind dies großartige Spezialisten, die mit raffinierten Methoden ihr Überleben im Wald sichern.

Alles Leben im Wald bildet eine Gemeinschaft, in der jede Pflanze ihren und jedes Tier seinen Platz hat. Jeder wird gebraucht, damit die anderen überleben können.

Die Pflanzen produzieren den Sauerstoff, den Tiere und Menschen zum Atmen brauchen, und bieten Nahrung und Unterschlupf. Dafür transportieren Tiere oft die Pflanzensamen von einem Ort zum anderen, sodass die Pflanzen sich ausbreiten können. Kleine Tiere und Pflanzen werden manchmal von größeren Tieren wie Füchsen, Eulen und Rehen gefressen, die ohne sie nicht überleben könnten.

Der Wald ist ein faszinierendes Ökosystem, das aber auch immer wieder bedroht wird – durch den Menschen. Schon immer haben sich die Menschen den Wald nutzbar gemacht, aber ihn vor allen Dingen auch gerodet, um Bodenfläche zu gewinnen und weil Holz ein wichtiger Rohstoff ist. Das stört das Gleichgewicht und schädigt den Lebensraum vieler Pflanzen und Tiere.

Wer sich mit offenen Augen auf das Abenteuer Wald einlässt und seine Geheimnisse entdeckt, weiß, wie lohnenswert es ist, sich für unsere Wälder und den Umweltschutz einzusetzen.

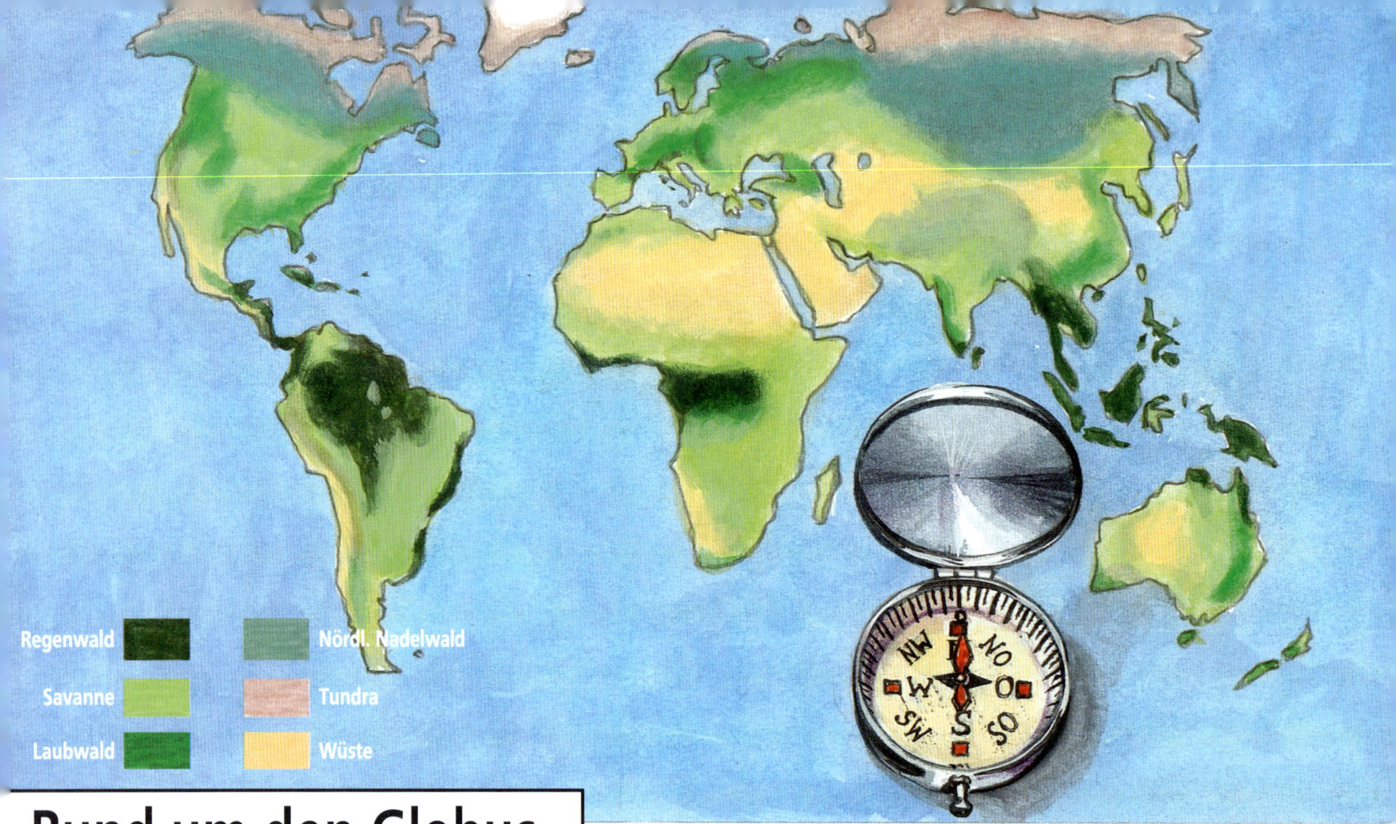

Rund um den Globus

Dichte Nadelwälder, bunte Laubwälder, geheimnisvolle Regenwälder – in fast allen Ländern der Erde finden wir Waldgebiete. Die Wüste aber kennt keine Bäume, denn dort ist der Boden zu trocken. In der Arktis und auf hohen Bergen ist es diesen Pflanzen zu kalt. Insgesamt ist etwa ein Drittel der Erdoberfläche von Wäldern bedeckt.

Nützlicher Wald

Alle Wälder sind Heimat für viele Tier- und Pflanzenarten. Sie sind ein riesiges Vorratslager für Holz, das als Energiequelle, als Baumaterial und zur Papierherstellung genutzt wird.

Wälder speichern Wasser und verbessern die Luft, die wir atmen. Ein Wald besteht aus großen und kleinen Bäumen verschiedener Arten, aus Hecken, Sträuchern und Kräutern.

NA, SO WAS!

Ein Waldstück, das so groß ist wie ein Fußballplatz (1 Hektar) . . .

. . . erzeugt Sauerstoff für 100 Menschen.

. . . kann in einem Jahr 60 Tonnen Staub aus der Luft filtern. So viel wiegen etwa zehn Elefanten.

. . . speichert zwischen seinen Wurzeln bis zu zwei Millionen Liter Wasser. So viel Wasser passt etwa in ein Sportschwimmbecken.

. . . verdunstet über seine Blätter im Sommer Hunderttausende Liter Wasser und befeuchtet so unsere Atemluft.

Nördlicher Nadelwald

In den kühlen und feuchten Gebieten nordischer Länder, wie zum Beispiel in Alaska, Kanada, Skandinavien oder Russland, wachsen große Nadelwälder. Nadelbäume sind gut an das kalte und oft stürmische Wetter angepasst. Ihre Stämme sind biegsam, ihre Nadeln unempfindlich. Hier leben noch Elche, Bären und Wölfe.

Am warmen Mittelmeer

In den warmen Ländern am Mittelmeer gedeihen Bäume wie Kork- und Stieleichen, Olivenbäume, Zypressen und Pinien. Im Sommer mögen sie es warm und trocken, im Winter brauchen sie ein mildes Klima. Sie wachsen nicht sehr dicht zusammen und werden auch nicht sehr hoch.

Tropischer Regenwald

In den tropischen Ländern breiten sich immergrüne Urwälder aus. Da es in der Nähe des Äquators fast jeden Tag heftig regnet, ist die Luft schwül und feucht. Auf den hohen Bäumen, die ein dichtes Blätterdach bilden, siedeln sich Orchideen, Lianen und andere Pflanzen- und Tierarten an.

Unter dem Blätterdach ist es dämmrig und windstill. Dort sprießen Gewächse, die wenig Licht brauchen: Pilze, Farne und Schatten liebende Blumen.

Unsere Wälder

Zu jeder Jahreszeit zeigen unsere Wälder ein anderes Gesicht: mal Blütenpracht, mal schneebedeckte Äste – doch immer ein Erlebnis. In der gemäßigten Klimazone Europas ist es im Sommer nicht übermäßig heiß und im Winter nicht sehr kalt. Die Temperaturen schwanken selten stark. Das ganze Jahr über fällt Regen oder Schnee. Hier wachsen vor allem Laubmischwälder mit den unterschiedlichsten Laub- und Nadelbäumen. Schau sie dir an.

Waldstockwerke

Viele Pflanzenarten leben in unseren Wäldern. Ihrer Größe nach kann man sie in verschiedene Schichten – die Waldstockwerke – einteilen: die Krautschicht, die Strauchschicht und die Baumschicht.

Die Baumschicht wird von den Kronen der hohen Bäume gebildet.

Die Strauchschicht besteht aus jungen Bäumen, aber auch aus Sträuchern. Hier wachsen Himbeeren, Brombeeren, Haselnuss-, Geißblatt- und Rotdornsträucher.

Noch bevor die Bäume im Frühjahr ihre Blätter ausgetrieben haben, beginnen die Pflanzen der Krautschicht zu blühen. Gräser, Buschwindröschen, Waldmeister und Lerchensporn sind bereits verblüht, wenn das Blätterdach der Baumschicht dicht wird, also weniger Licht bis zum Waldboden dringt.

Haselnuss

Himbeere

Buschwindröschen

Waldmeister

Im Frühling, wenn es wärmer wird, kommen die meisten Jungtiere zur Welt. Dann gibt es wieder genug Nahrung. Die Kleinen haben den ganzen Sommer und Herbst Zeit zu lernen, wie man fliegt oder Futter findet. Bei Einbruch des Winters sind sie erfahren und stark genug, um die kalte Jahreszeit zu überleben, in den Süden zu ziehen oder sich für den Winterschlaf bereitzumachen.

Achtung, Krötenwanderung!

In den ersten warmen Frühlingstagen wandern die Kröten zu ihrem Heimatteich, um sich zu paaren und zu laichen. Den Winter haben sie im Erdboden verbracht. Neben Straßen, die auf dem Weg der Kröten liegen, werden von Tierschützern niedrige Zäune aufgestellt, damit die Tiere nicht überfahren werden.

Solche Schilder weisen auf die Krötenwanderung hin.

Hallo Frühling, hallo Sommer!

Die Frischlinge haben zur Tarnung ein gestreiftes Fellmuster.

Schneeglöckchen

Schlüsselblume

Märzenbecher

Zeit der Schneeglöckchen

Bevor im Frühling die Bäume ihre Blätter austreiben, blühen Schneeglöckchen und die Pflanzen, die du hier siehst. Diese Blumen nennt man Frühblüher. Sie können sich auch plötzlicher Kälte, Schneeregen und Wind anpassen, indem sie ihre Blüten schließen.

Viele Frühblüher wachsen aus Knollen oder Zwiebeln heraus. Hier sind die Nährstoffe gespeichert, die diese Pflanzen zum Wachsen brauchen. Auch wenn der Boden im Frühling noch einmal frieren sollte, ist der Frühblüher so gut versorgt.

Leberblümchen

Waldveilchen

Zwiebel

Knolle

Ein Wildschwein im Gebüsch

An einem abgelegenen Ort richtet die Wildsau – das weibliche Wildschwein – kurz vor der Geburt ihrer Jungen eine Kinderstube ein, ganz abseits der Herde. Sie gräbt meist in einem Gebüsch ein großes, rundes Loch und polstert es mit Gras aus.

Bis zu zwölf Junge kann sie säugen. Dazu legt sie sich auf die Seite. Jedes Junge sucht sich eine Zitze aus, die ihm alleine gehört. Die jungen Wildschweine heißen Frischlinge. Ihr gestreiftes Haarkleid, das sie während ihrer ersten drei Monate tragen, tarnt sie vor ihren Feinden.

NA, SO WAS!

Wusstest du, dass sich der Fuchs im Sommer fast nur von Beeren ernährt? Er frisst ungefähr 100 Brombeeren am Tag und jedes seiner Kothäufchen enthält dann über 3.000 Brombeersamen. Auf geeignetem Boden bildet sich bald ein dichtes Brombeergestrüpp.

Sommerzeit!

Wenn im Sommer die Blätter der Laubbäume den Waldboden beschatten, gedeihen nur noch Farne, Efeu und Moose. Im Wald ist es dann angenehm kühl. Auch die Brombeeren, Himbeeren und Heidelbeeren am Waldrand werden im Sommer reif.

Knospenaustrieb

Bäume, die im Herbst ihre Blätter abwerfen, treiben im kommenden Frühling neue Blätter aus. Sie entwickeln sich schon im Vorjahr und überwintern im Inneren der Knospen. Im Frühjahr kannst du zu Hause den Knospenaustrieb beobachten. Schneide ein paar Zweige ab und stelle sie in einer Vase mit Wasser an ein helles Fenster. Die Zweige brauchen viel Licht und Wärme. Nach wenigen Tagen öffnen sich die äußeren Schuppen der Knospen und die Blätter wachsen und entfalten sich.

Viel Gezwitscher im Vogelnest

Wenn der Frühling ein wenig vorangeschritten ist, beginnen die Vögel mit der Aufzucht ihrer Jungen. Manche, wie der Buntspecht, brüten in Baumhöhlen, andere, wie der Buchfink, bauen ein Nest in den Ästen. Ende April, Anfang Mai beginnt die Brutzeit der Kohlmeisen. Manchmal legt das Meisenpaar im Juni noch ein zweites Gelege.

Die Kohlmeise baut ein Nest

Die Kohlmeise ist ein Höhlenbrüter. Sie nistet gerne in Nistkästen oder Baumhöhlen. Dort baut sich das Weibchen ein feines und weiches Nest aus viel Moos, einigen Federn und Haaren von Tierfellen, ein bisschen Gras und ein paar dünnen Ästchen. Das Kohlmeisenmännchen hilft nicht beim Nestbau.

Die Jungmeisen verschlingen Unmengen von Insekten.

Das erste Ei

Schon während es das Nest baut, legt das Meisenweibchen sein erstes Ei hinein. Jeden Tag folgt ein weiteres, bis sechs bis zwölf weiße Eier mit rötlichen Flecken im Nest liegen.

Zeit zum Brüten

Dann brütet das Weibchen Tag und Nacht die Eier aus und das Männchen bringt ihm das Futter ins Nest.

Hallo, da bin ich!

Nach etwa zwei Wochen schlüpfen die Meisenjungen aus. Sie sind noch nackt und rosa und haben eine große blaue Beule anstelle der Augen.

Hungrige Meisenküken

In den ersten vier bis fünf Tagen füttert der Meisenvater die ganze Familie alleine, dann hilft die Meisenmutter mit. Sie versorgen die Jungen mit Schmetterlingseiern, Spinnen, Fliegen, Käfern, Würmern, Raupen und kleinen Schmetterlingen. Den Kot der Küken schaffen die Eltern aus dem Nest. Nach zwei Wochen haben die jungen Meisen ihre Augen geöffnet und schon viele Federn.

NA, SO WAS!

Das Kohlmeisennest kann 8 cm hoch werden. Ungefähr so hoch ist eine Kaffeetasse.
30 bis 70 Schnäbel voll bekommt jeder Jungvogel am Tag zu fressen.
Über 1.000 Mal muss eine Meise hin- und herfliegen, bis der Nestbau abgeschlossen ist.
Wenn ein Meisenpaar in einem Jahr zwei Mal brütet, vertilgt es gemeinsam mit seinen Jungen etwa 50 kg Insekten und Kleintiere. So viel wiegen 50 Päckchen Mehl oder Zucker. Mit etwa 10.000 Raupen füttern die Meiseneltern ihren Nachwuchs.

Erste Flugversuche

Immer öfter versuchen die Eltern, die größer gewordenen Küken nach draußen zu locken. Im Nistkasten wird es langsam eng.
Nach drei Wochen ist es dann so weit: Die Meisenkinder sind flügge und machen ihre ersten Flugversuche. Sie werden noch eine oder zwei Wochen in der Familie leben und von den Meiseneltern versorgt werden. Dann sind sie selbstständig.

Im Herbst gibt es im Wald einiges zu entdecken. Viele Bäume werfen ihre Früchte ab. Überall findest du Buckeckern, Eicheln, Zapfen, die Samen von Ahornbäumen und auch Kastanien. Die Blätter der Bäume färben sich bunt. Und die Tiere und Pflanzen bereiten sich langsam auf den eisigen Winter vor.

Warum verlieren Bäume ihre Blätter?

Blätter enthalten Wasser, das durch die Poren an der Blattunterseite verdunstet wird. Diese Wasserabgabe wäre im Winter gefährlich. Denn der Baum könnte im gefrorenen Boden kein neues Wasser aufnehmen.

So müsste er vertrocknen. Die Blätter verfärben sich, weil das Blattgrün (Chlorophyll) vor dem kalten Winter abgebaut und in den Baum hineingenommen wird. Ist das Grün verschwunden, bleiben im Blatt die anderen Farben übrig. Das ist von Baumart zu Baumart verschieden, mal Gelb, mal Rot, mal Braun. Ein Korkhäutchen schließt das bunte Blatt vom Zweig ab, sodass es stirbt und abfällt.

Herbstzeit, Winterzeit

Im Herbst sammelt das Eichhörnchen Vorräte für den Winter.

Blattgerippe, selbst gemacht

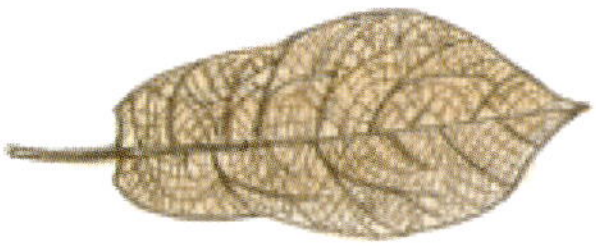

Wenn im Herbst die Blätter verfaulen, dann lösen sich zuerst die weichen Teile des Blattes auf. Die etwas härteren Blattadern und die Mittelrippe überdauern länger. So entsteht ein Blattgerippe.

Du kannst ein solches Gerippe selber herstellen. Leg ein Herbstblatt auf eine weiche Unterlage, die mit einem Löschpapier bedeckt ist. Dann klopf sachte mit einer weichen Bürste auf das Blatt. Nicht darüberstreichen! Dabei lösen sich die weichen Blattteile und verbleiben auf dem Löschpapier, das Blattgerippe bleibt stehen. Stell Blattgerippe von unterschiedlichen Bäumen her und beschrifte sie.

PILZOMELETT

Da es im Wald auch viele giftige Pilze gibt, verwende nur Pilze, die du und deine Eltern genau kennen, oder kaufe Pilze auf dem Wochenmarkt.

Die Pilze waschen, putzen und klein schneiden. Zerlasse in einer Pfanne etwas Butter und brate die Pilze darin an. Verquirle ein Ei mit etwas Salz und Pfeffer und schütte diese Masse über die Pilze.

Wenn die Eimasse fest wird, wende das Omelett vorsichtig und brate es von der anderen Seite fertig.

Wenn hoher Schnee liegt, versorgt der Förster die Rehe, denn sie finden wenig Nahrung.

Was machen die Tiere im Winter?

Das Eichhörnchen, ein Winterruher

Das Eichhörnchen ernährt sich von Nüssen, Eicheln, Bucheckern, Kastanien und Tannenzapfen. Es frisst auch Pilze, Knospen, Vogeleier und frisch geschlüpfte Vögel.

Wenn es kälter wird, versteckt das Tier große Mengen an Waldfrüchten am Fuß der Bäume, in Nestern und Baumhöhlen. Den Winter verbringt es in einem seiner Nester. Dieses hat die Form einer Kugel; man nennt es Kobel.
Weil das Eichhörnchen in den kalten Monaten kaum sein Nest verlässt und den größten Teil des Tages verschläft, ist es ein Winterruher.
Es nimmt aber weiterhin regelmäßig Nahrung zu sich und sucht seine Vorratslager auf.

Nichts zum Futtern! Eiseskälte! Wie können die Tiere die harte Winterzeit überstehen? Sie verhalten sich da ganz unterschiedlich. Einige ziehen sich in wärmere Gebiete zurück, andere verschlafen den Winter oder bekommen ein dickeres Winterfell.

Zugvögel, ade!

Einige Vögel ziehen in wärmere Länder, deshalb nennt man sie Zugvögel. Die Vögel, die den Winter bei uns verbringen, plustern ihr Gefieder auf, um sich vor der Kälte zu schützen.

In der Winterstarre

Viele Insekten sterben, wenn der Herbst kommt. Sie legen zuvor aber Eier mit einer widerstandsfähigen Hülle ab. Diese überstehen den Winter und im Frühling schlüpfen daraus Insektenlarven. Andere Insekten verstecken sich unter Laub und Rinde und erstarren. Wenn es warm wird, werden sie wieder aktiv.

Auch Reptilien, Amphibien, Schlangen, Frösche, Kröten und Eidechsen fallen in Winterstarre. Ihr Körper kühlt ab und die Muskeln erstarren. Sie atmen kaum noch und können sich nicht mehr bewegen.

Ein dickes Winterfell

Manche Säugetiere wie Rehe, Hasen oder Füchse tauschen ihr kurzes Sommerfell gegen einen dicken Winterpelz. Er schützt sie vor der Kälte. Auch im Winter suchen sich diese Tiere weiter ihre Nahrung im Wald oder gehen auf die Jagd. Es sind winteraktive Tiere. Nur in sehr schneereichen Wintern müssen wir Menschen Futter für sie auslegen.

Gute Nacht, Winterschläfer!

Säugetiere wie Igel, Haselmäuse und Siebenschläfer fallen in Winterschlaf. Ihre Körpertemperatur sinkt und ihr Herz schlägt langsamer. Sie haben im Sommer und Herbst genügend Fettreserven angelegt, um mehrere Monate im Schutz ihres Baus oder Nestes überstehen zu können. Erst im Frühling werden sie wieder wach. Sie sind Winterschläfer.

So lebt der Baum

Die Blätter stellen aus Bestandteilen der Luft und aus Wasser und Mineralien, die der Baum über die Wurzel aufnimmt, Stärke und Sauerstoff her. Dazu nutzt der Baum das Licht. Dieser Vorgang heißt Fotosynthese.

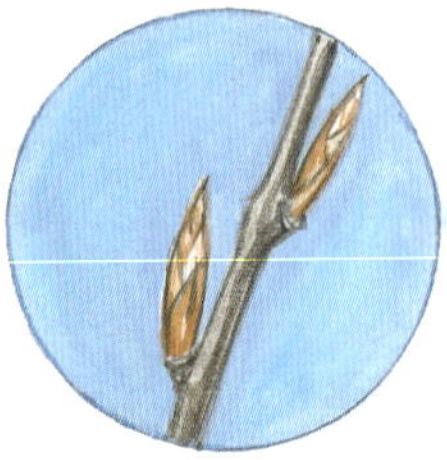

Die Äste und Zweige bilden die Baumkrone. An den Zweigen sitzen die Knospen, aus denen im Frühjahr die Blüten und Blätter wachsen.

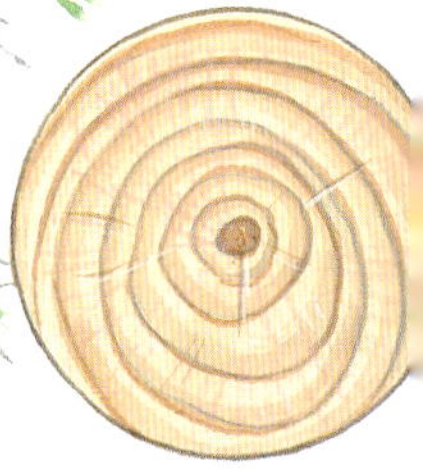

Der Stamm trägt die Baumkrone. Er muss kräftig sein, damit er dem Wind oder der Schneelast auf den Ästen standhalten kann.
Beim durchgesägten Stamm sieht man die Jahresringe, die das Alter des Baumes verraten.

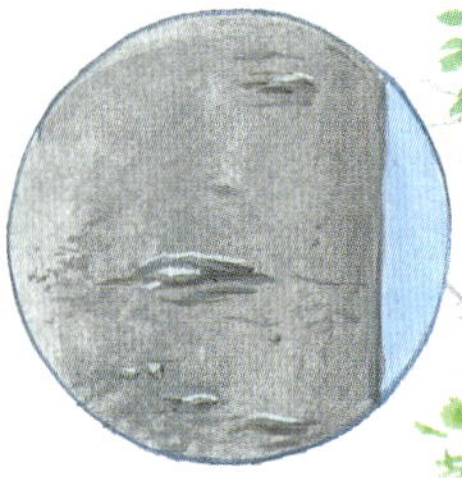

Der Stamm ist von einer widerstandsfähigen Rinde umgeben. Sie schützt den Baum vor dem Austrocknen und vor Beschädigungen durch Insekten und andere Tiere. Beim jungen Baum ist die Rinde glatt. Später stirbt sie ab, reißt auf und bildet so das typische Borkenmuster. Darunter wächst neue Rinde nach.

Buche

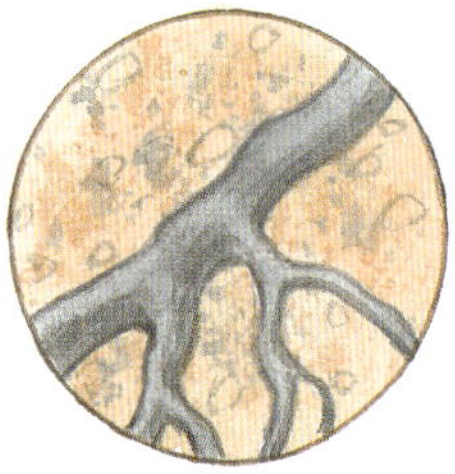

Durch sein weit verzweigtes Wurzelwerk nimmt der Baum Wasser und Nährsalze auf. Die Wurzel verankert den Baum fest in der Erde, sodass er auch bei stürmischem Wetter nicht umkippt.

In unseren Wäldern gibt es viele Baumarten. Sie unterscheiden sich in ihren Standorten, in ihrer Wuchsform, in ihren Früchten. Auch ihre Blätter sehen ganz unterschiedlich aus. Dennoch gleichen sich alle Laubbäume in ihren wesentlichen Merkmalen.

Rindenabdrücke, selbst gemacht

Klebe ein dickes Blatt Papier mit Klebeband an einen Baumstamm und rubble mit Wachsmalkreide darüber. So erhältst du einen Abdruck von der Baumrinde. Jeder Baum hinterlässt ein bestimmtes Muster. Manche Bäume haben eine glatte, andere eine rissige und raue Rinde. Sammle die Abdrücke von verschiedenen Bäumen und beschrifte sie.

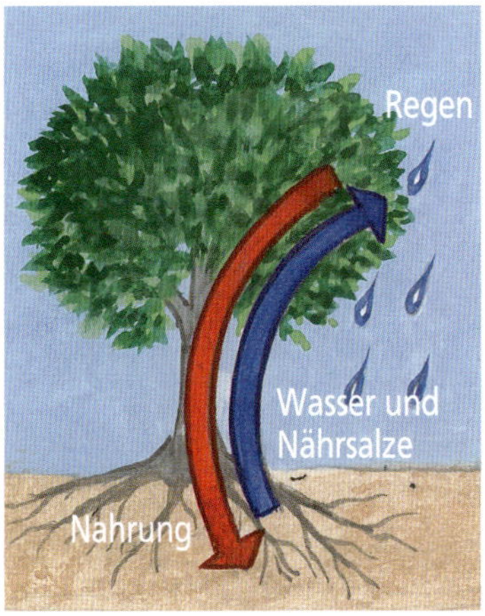

Nahrungswege

Dicht unter der Rinde verlaufen Gefäße, durch die das Wasser und Nährsalze zu den Blättern transportiert werden. Andere Gefäße leiten die in den Blättern hergestellten Nahrungsstoffe in den Stamm und die Wurzeln.

Ein neuer Baum entsteht

Im Herbst werfen die Bäume ihre Früchte ab. Diese nehmen Wasser auf und quellen. Die Keimwurzel, die gut geschützt in dem kleinen Nüsschen der Buche verborgen war, durchbricht im Frühling die Schale, wächst nach unten und dringt in den Boden ein. Dort verankert sie sich und nimmt Wasser auf. Zuerst wachsen zwei grüne Keimblätter und später richtige Buchenblätter. Der zarte Stängel wird immer kräftiger. Nach einem Jahr ist der Keimling etwa 20 Zentimeter groß und trägt schon mehrere Blätter. Etwa nach fünf Jahren ist der Stamm so dick wie ein Bleistift.

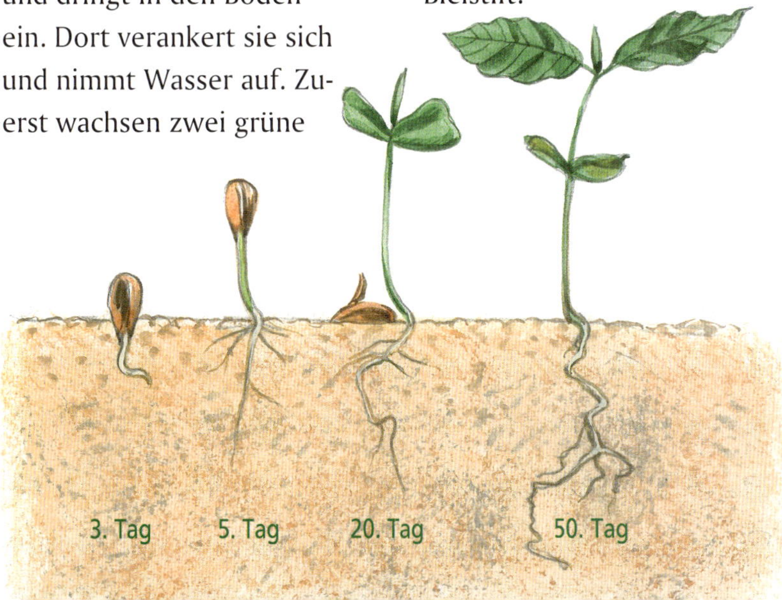

NA, SO WAS!

Hast du gewusst, dass ...

... Bäume zu den größten Pflanzen der Erde gehören? In Kalifornien steht ein etwa 100 Meter hoher Mammutbaum. Sein Stammumfang beträgt über 25 Meter. Nur 25 Kinder zusammen könnten diesen Stamm umfassen.

... Bäume älter werden können als alle anderen Lebewesen auf der Erde? Eine Kiefer in Nordamerika ist bereits 5.000 Jahre alt. Sie stand schon dort, als in Ägypten die Pyramiden gebaut wurden.

Oh Tannenbaum!

Auch Nadelbäume haben Blätter. Wir nennen sie Nadeln, weil sie länglich und hart sind. Im Unterschied zu den Laubbäumen behalten fast alle Nadelbäume ihre Blätter auch im Winter. Denn die robusten Nadeln sind mit einer Wachsschicht überzogen, die sie in der Kälte vor dem Austrocknen schützt. Deshalb eignen sich Nadelbäume gut als Weihnachtsbaum.

Von Nadeln und Zapfen

Ihre Nadeln behalten Nadelbäume oft jahrelang. Dann werden die Nadeln allerdings auch braun und fallen ab. Aber niemals alle gleichzeitig! Die Nadeln und Zapfen der Nadelbäume sehen sehr unterschiedlich aus.

Ein Kiefernzapfen ist etwa fünf bis sieben Zentimeter lang. Zuerst ist er grün. Wenn er dann reif wird, färbt er sich schwarzbraun. Die Samen sind im Innern der Zapfen verborgen.

Kiefernzapfen, geschlossen

Kiefernzapfen, geöffnet

Seine Zapfen braucht der Baum, um sich zu vermehren.

Wenn sie reif sind, öffnen die Zapfen ihre hart gewordenen Schuppen und lassen die Samen zu Boden fallen.

Ist unser Weihnachtsbaum eine Tanne?

Zu Weihnachten dreht sich alles um den Tannenbaum. Er wird festlich geschmückt und jeder kennt das Weihnachtslied »Oh Tannenbaum«. Doch viele Weihnachtsbäume sind gar keine Tannen! Das lässt sich leicht feststellen, wenn man den Baum genau betrachtet und befühlt. Nadelbäume haben nämlich unterschiedliche Wuchsformen, Nadeln und Zapfen. Schau dir mal die Tabelle unten an. So findest du heraus, welcher Nadelbaum zu Weihnachten in eurem Wohnzimmer steht.

	Kiefer	**Tanne**	**Fichte**
Farbe des Astes	grau	rötlich	(hell)grau
Länge und Farbe der Nadeln **Wie fühlen sich die Nadeln an?**	 lang, oben und unten dunkelgrün, spitz	 mittellang, oben dunkelgrün, unten hellgrün mit zwei Streifen, nicht spitz	 kurz, oben und unten dunkelgrün, sehr spitz
Wie sitzen die Nadeln am Ast?	 Es sitzen immer zwei Nadeln zusammen auf einem Pölsterchen.	 Die Nadeln sitzen in zwei Reihen rechts und links am Ast.	 Die Nadeln sitzen rundherum auf roten Pölsterchen am Ast.
Zapfen	 Die Zapfen sind rundlich und sitzen eng am Ast.	 Die Zapfen stehen auf dem Ast. Sie sind länglich und abgerundet.	 Die Zapfen sind lang und schmal. Sie hängen vom Ast herab.

Der Waldboden steckt voller Leben. Hier tummeln sich Käfer, Asseln, Tausendfüßer und Schnecken. Mit einer Lupe kannst du auch Kleinlebewesen wie Zweiflüglerlarven, Milben und Springschwänze entdecken. Sie fressen an Blättern und abgestorbenen Holzteilen und zerkleinern sie. Bakterien und Pilze zersetzen die Pflanzenreste weiter. Mit der Zeit bildet sich Humus.

Schicht für Schicht

Der Waldboden besteht aus verschiedenen Schichten. Unter dem Laubteppich liegt eine Humusschicht aus zersetzten Blattresten und Holzstückchen. Die Erde ist locker, weich und feucht. Der Humus liefert für die Pflanzen wichtige Nährstoffe. Je tiefer man gräbt, umso heller wird die Erde, da der Humusanteil geringer wird. Tief unter der Erdoberfläche verbirgt sich hartes Gestein.

NA, SO WAS!

In einem Stück Waldboden, das so groß ist wie ein Tetrapack Milch, können bis zu einer Assel, zwei Regenwürmer, drei Zweiflüglerlarven, 1.600 Springschwänze und 3.000 Milben leben.

Lebendiger Waldboden

Einfach weggehüpft!

Springschwänze tragen an ihrem Hinterleib eine Sprunggabel, mit deren Hilfe sie einige Zentimeter vorwärts springen können. So hüpfen sie ihren Feinden einfach davon. Sie ernähren sich von abgestorbenen Pflanzenresten, Algen und Pilzen.

Die Springschwänze gehören wie die Silberfischchen zu den Urinsekten. Das sind flügellose Insekten, die ihren ursprünglichen Körperbau seit Millionen von Jahren nicht verändert haben.

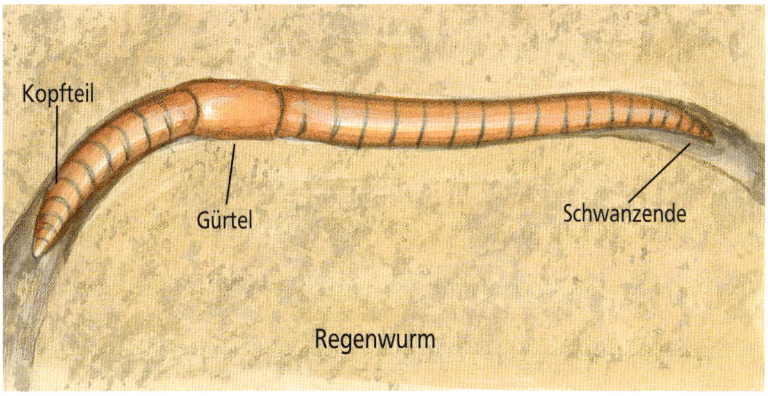

Regenwurm unterwegs!

Der Regenwurm zählt zu den Ringelwürmern. Sein Körper besteht aus vielen gleich aufgebauten Körpersegmenten. Er gräbt unterirdische Gänge, die er mit Schleim und Kot stabilisiert. In diese Gänge zieht er verwesende Pflanzenreste hinein. So bewegt und durchlüftet er den Boden und ist an der Humusbildung beteiligt.

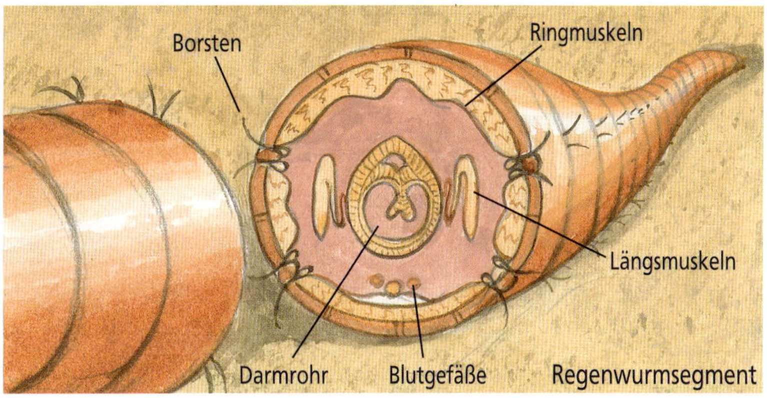

Eine Regenwurmfarm

Schichte in ein Einmachglas oder Gurkenglas abwechselnd feuchten Sand und Erde. Darauf legst du etwa fünf Regenwürmer. Bedecke sie vorsichtig mit trockenem Laub und lass noch etwas Platz im Glas. Leg den Deckel nur lose auf und lüfte täglich deine Wurmfarm, indem du den Deckel kurz anhebst.

Stell das Glas mit den Würmern an einen dunklen Ort und beobachte die Tiere. Die Schichten von Sand und Erde werden aufgelockert. Das Laub wird zerkleinert und in den Boden gezogen und am Glasrand wirst du einige Wurmgänge sehen. Lass die Würmer wieder frei, wenn dein Experiment beendet ist.

Ein großer Ameisenhügel ist ein einzigartiges Gebilde. Viele Hundert winzige Rote Waldameisen haben ihn aus Fichtennadeln und anderen Pflanzenteilen errichtet. Darunter verbirgt sich ihr unterirdisches Nest. Im Ameisenbau leben die Königin und die Brut, die von den Arbeiterinnen gefüttert und gepflegt werden.

NA, SO WAS!

Hast du gewusst, dass . . .

. . . Ameisen einen Winterschlaf halten?

. . . Ameisen ein Vielfaches ihres Körpergewichts schleppen können? Wäre ein Mensch so stark, könnte er ein Klavier alleine tragen.

. . . bei manchen Ameisenarten ein ganzes Volk Platz in einer hohlen Eichel findet?

Im Ameisenstaat

Ameisen haben eine besondere Lebensweise, denn Ameisen verhalten sich Staaten bildend. Das bedeutet, dass die Tiere in einer Gemeinschaft zusammenleben und unterschiedliche Arbeiten verrichten. Da sie gemeinsam für die Königin und die Brut sorgen und sich gegenseitig füttern und putzen, nennt man sie auch soziale Insekten. Ameisen gehören wie Bienen und Wespen zu den Hautflüglern.

Die Rote Waldameise

Im Ameisenhügel gibt es verschiedene Kammern.

Auf Hochzeitsflug

Geflügelte Ameisen sind nur für kurze Zeit unterwegs. Das sind die Geschlechtstiere. Die Männchen und Weibchen schwärmen an warmen Tagen zum Hochzeitsflug aus und paaren sich. Kurz darauf sterben die Männchen. Die Weibchen werfen ihre Flügel ab und werden zu Königinnen.

Eifrige Arbeiterinnen

Arbeiterinnen sind flügellose weibliche Tiere, die sich nicht fortpflanzen können. Man unterscheidet sie nach der Arbeit, die sie im Staat verrichten. Die Ammen pflegen die Brut. Die Sammlerinnen suchen außerhalb des Nestes nach Nahrung. Es gibt Arbeiterinnen, die das Nest bauen und instand halten, oder Soldatinnen, die das Nest gegen Feinde verteidigen. Jeder hat seine Aufgabe im Ameisenstaat.

Die Amme füttert eine Larve.

Schleckermäulchen!

Ein Volk von Waldameisen vertilgt große Mengen schädlicher Insekten. Daher sind Ameisen nützlich für die Forstwirtschaft und werden geschützt. Auch schlecken sie den süßen Honigtau, den Blattläuse ausscheiden, gerne auf. Dafür beschützen die Ameisen die Läuse vor Feinden.

Die Ameise melkt eine Blattlaus.

Einfach dufte!

Ameisen verständigen sich durch Düfte. Diese werden Pheromone genannt und mit den Antennen wahrgenommen. Manche Pheromone verbreitet die Königin, um den Staat zu organisieren. Andere Düfte werden bei Gefahr ausgestoßen oder zeigen den Weg zu ergiebigen Futterquellen. An ihrem Duft erkennen die Ameisen, ob sie aus derselben Kolonie stammen.

Was raschelt in der Hecke am Waldrand? Eine Haselmaus? Eine Eidechse? Die Hecke ist das Zuhause vieler Tiere. Dabei bilden Tiere und Pflanzen eine Lebensgemeinschaft. Hecken sind wie die Bäume in Stockwerke aufgebaut. Sie können wild wachsen und sehr verschieden aussehen – je nachdem auf welchem Boden und an welcher Stelle sie stehen.

Heckengäste rund ums Jahr

Zu jeder Jahreszeit bietet die Hecke den verschiedensten Lebewesen Schutz und Nahrung. Im Frühjahr und Sommer kommen die Wildbienen und Schmetterlinge hierher und holen Nektar aus den blühenden Stachelbeer- und Haselsträuchern.

NA, SO WAS!

Kannst du dir das vorstellen: Über 1.000 Pflanzen und 7.000 Tierarten haben im Lebensraum Hecke eine Heimat gefunden.

Im Herbst suchen die Vögel, die in der Hecke leben, hier Beeren und Samen. Besonders die Schlehen und Hagebutten haben es ihnen angetan.
Im Winter finden Mäuse und Igel zwischen dem Laub einen Unterschlupf und einen Platz zum Überwintern. Manchmal streift auch ein Fuchs vorbei auf der Suche nach Nahrung.

Verstecke in der Hecke

HAGEBUTTENTEE

Pflücke im Oktober die reifen Hagebutten von den Ästen der Heckenrose. Du musst sie gründlich waschen und die Blütenreste und Stiele von den Früchten entfernen. Mit einer Gabel kannst du die Hagebutten zerkleinern.

Anschließend kochst du das Fruchtfleisch und die Kerne etwa 15 Minuten in einem Topf mit Wasser. Je mehr Früchte du dazu nimmst, umso stärker wird der Tee.
Nach der Kochzeit gießt du den Tee durch ein Sieb in eine Teekanne. Guten Appetit!

Igel und Neuntöter

Ein Igel in der Hecke! Das weit verbreitete Tier fühlt sich hier wohl, denn es findet Nahrung, Schutz und Nistgelegenheiten. Der Igel ist ein Einzelgänger, der tagsüber schläft. Die Hecke bietet ihm einen ruhigen Schlafplatz – auch im Winter. Und wer ist noch zu Gast? Der Neuntöter, ein Zugvogel. Nur von April bis September lebt er in unseren Hecken.

Eingeigelt!
Manchmal schreckt ein Fuchs, ein Dachs oder ein Uhu den Igel in seinem Heckenversteck auf. Dann kugelt sich der Igel zusammen und stellt seine Stacheln auf. So vertreibt er seine Feinde. Nur die Greifvögel lassen sich dadurch nicht abschrecken. Sie haben gut gepanzerte Füße und können ihre Krallen leicht in den Igelkörper schlagen.

NA, SO WAS!

Ein neugeborenes Igelbaby hat schon 100 Stacheln.

Ein ausgewachsener Igel kann bis zu 8.000 Stacheln haben.

Der Igel ist ein sehr guter Schwimmer. Einen Bach durchquert er problemlos.

Ein starkes Gebiss

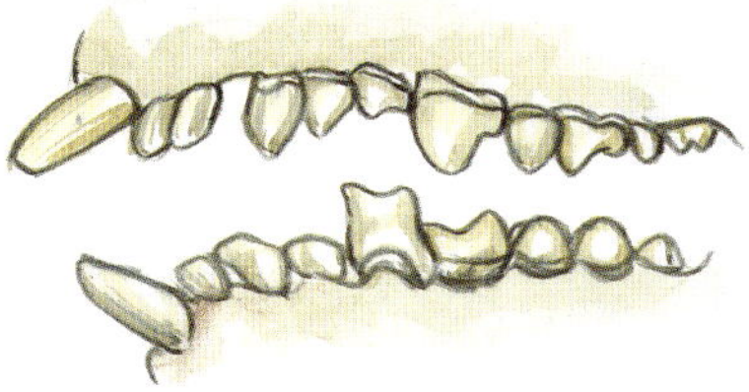

Die Schneide- und Eckzähne des Igels sind messerscharf. Sogar seine Backenzähne tragen kleine Spitzen. Mit diesem Gebiss kann er den harten Panzer der Insekten und Käfer leicht knacken. Davon gibt es viele in der Hecke. Igel fressen auch Tausendfüßer, Spinnen, Regenwürmer, Schnecken und Asseln.

Ein Platz für den Neuntöter

Zwischen April und September zieht der Neuntöter in der Hecke zwei bis vier Junge auf. Dieser Nistplatz ist geschützt und der Speiseplan reichhaltig: Käfer und Insekten, kleine Eidechsen und Mäuse.
Der Neuntöter wird auch Dorndreher genannt. Mit einem kleinen Trick sorgt er nämlich für Notzeiten vor: An Tagen, an denen er viele Insekten erbeutet, spießt er einige von ihnen an Stacheln und Dornen auf – so legt er sich ein Vorratslager an.

Vom Gipfel der Hecke aus kann der Neuntöter seine Beute sehr gut erspähen, aber auch schnell seine Feinde erkennen. Vor Greifvögeln und Füchsen muss er sich in Acht nehmen, doch die Hecke bietet ihm viele Verstecke.

Unterm Blätterdach

Im dichten Gestrüpp und unter den Baumkronen finden viele Waldtiere Unterschlüpfe, Verstecke und Nahrung. Vögel bauen ihre Nester hoch über dem Boden zwischen den Zweigen oder in Baumhöhlen, und unter der Rinde von morschen Bäumen tummeln sich Insekten und Käfer. Vor allem im Herbst findet man am Fuß der Bäume und zwischen trockenen Blättern und Nadeln auch Pilze im Wald.

So wachsen die Pilze

Nicht alle Pilzarten sind für uns Menschen genießbar, manche sogar giftig. Den giftigen Fliegenpilz zum Beispiel erkennt man an seinem roten Hütchen mit den weißen Punkten. Trotzdem sollte man nur mit einem Pilzkenner Pilze sammeln gehen oder die Pilze auf dem Markt kaufen. Pilzsamen heißen Sporen. Sie sitzen in den Lamellen. Das sind die Rillen, die sich meist auf der Unterseite des Hutes befinden. Aus den Sporen entwickelt sich in der Erde das Pilzgeflecht und daraus wachsen dann wieder Pilze. Das Pilzgeflecht bildet oft mit bestimmten Bäumen eine Lebensgemeinschaft. Pilze zersetzen tote Pflanzenreste oder Tiere und versorgen die Bäume mit Nährsalzen.

Fliegenpilz Pfifferling Steinpilz Morchel

Wildschweine sind Allesfresser

Um an Larven und Wurzeln zu kommen, graben Wildschweine mit ihren langen Schnauzen den Boden um. Dabei verscharren sie auch viele Samen, aus denen wieder neue Bäume wachsen. Gern wälzen sich die Tiere in Tümpeln oder Schlammlöchern. So befreien sie sich von den Schädlingen in ihrem Fell.

Im tiefen Wald suchen sich die Wildschweinfamilien ihren Unterschlupf zum Ausruhen. Zu einer Familie gehören mehrere Mütter, die man Bachen nennt, mit ihren Frischlingen. Die ausgewachsenen männlichen Wildschweine sind Einzelgänger.

NA, SO WAS!

Der Buntspecht ist nicht nur nützlich, sondern auch geschickt. Er befreit die Bäume von Insekten, indem er diese mit den Widerhäkchen auf seiner Zunge unter der Baumrinde hervorzieht. Drei bis vier Zentimeter streckt er seine Zunge heraus. Tannenzapfen schleppt der Specht dorthin, wo er sie einklemmen kann. An einem Tag kann ein Buntspecht 40 bis 70 Tannenzapfen aufbrechen und die Samen herausholen.

Hier klopft der Specht!

Der Buntspecht baut sein Nest in Baumhöhlen, die er selbst zimmert. Dazu klopft das Männchen mit kräftigen Schnabelhieben die Baumstämme ab, um morsche Stellen an alten Bäumen zu finden. Drei Wochen dauert es dann, bis er die Baumhöhle ausgehämmert hat.

Der männliche Specht kümmert sich auch um seine Nachkommen. Nachts wärmt er die Eier und die Jungen. Spechte haben starke Krallen an ihren Füßen. So können sie mit kleinen Sprüngen Baumstämme hochhüpfen. Dabei stützen sie sich mit ihren kräftigen Schwanzfedern ab.

Von Wespen und Bienen

Waldhonig und Blattläuse? Tatsächlich nehmen die Bienen von den Blattläusen Honigtau auf und stellen daraus Honig her. Kennst du auch die Gallwespen? Sie sind mit den Bienen und den Wespen verwandt. Mit ihrem Legebohrer setzen die Weibchen Eier in Blättern oder Knospen ab. Sind die Larven geschlüpft, bilden sich Pflanzenzellen, die die Larven einhüllen und ernähren. Diese Hüllen nennt man Galle.

So lebt die Eichengallwespe

Wie alle Gallwespen legen auch Eichengallwespen zwei Mal im Jahr Eier. Von November bis Februar schlüpfen aus den Gallen, die mit dem Herbstlaub zu Boden fallen, nur weibliche Tiere. Sie legen ihre Eier in die Knospen von Eichen. Dort entwickeln sich kleine Gallen mit Männchen und Weibchen. Die Larven bleiben in der schützenden Galle bis zum fertigen Insekt.

Blattgalle mit Larve

Die Weibchen der Sommergeneration setzen ihre Eier auf die Blattunterseite. Daraus entstehen die Galläpfel. Das sind gründgelbliche oder rötliche Kügelchen, die wie kleine Äpfel aussehen. Häufig findet man mehrere Galläpfel dicht nebeneinander. Im Herbst fallen die Galläpfel mit dem Laub herunter. Aus ihnen schlüpfen wieder nur weibliche Wespen.

Der Imker im Wald

Imker, die Tannenhonig herstellen möchten, stellen ihre Bienenvölker in Wäldern auf. Da es dort wenig blühende Pflanzen gibt, die Nektar produzieren, sammeln die Bienen fast nur Honigtau. Am Ende des Sommers nimmt der Imker die Waben aus den Bienenkästen heraus und schleudert den Honig aus. Damit die Bienen nicht verhungern, werden sie mit einer Zuckerlösung gefüttert.

Die Biene sammelt Honigtau.

Woher kommt der Tannenhonig?

Bienen nehmen in Blüten Nektar auf und stellen daraus Honig her. Tannen produzieren aber keinen Nektar. Daher sammeln Bienen im Wald den Honigtau von den Blattläusen.
Diese bohren mit ihrem Saugrüssel die Leitungsbahnen von Pflanzen an. Von dem Pflanzensaft ernähren sie sich und scheiden aus ihrem Hinterleib große Mengen zuckrigen Honigtau aus. Den wiederum nehmen die Bienen auf und machen daraus Waldhonig. Er ist dunkler als Wiesenhonig und hat einen herberen Geschmack.

Lass Gallwespen schlüpfen

Sammle im Herbst Blätter mit Blattgallen. Lege sie in ein Gurkenglas und verschließe es mit einem Stück Gardinenstoff oder Verbandsmull. Stell das Glas nach draußen an einen regengeschützten Ort. Im Laufe des Winters schlüpfen aus den Gallen die Gallwespen. Lass sie frei, damit sie sich einen Baum suchen können, in dessen Knospen sie ihre Eier legen.

Auf der Lichtung

Große Wiesen im Wald? Ja, auch die gibt es. Sie heißen Lichtungen, denn hier scheint mehr Sonnenlicht als zwischen den dichten Bäumen. So gedeihen Pflanzen wie die Lichtnelke oder die Glockenblume, die sonst im Wald gar nicht vorkommen. Kräuter und Früchte locken hungrige Tiere an. Häufig ist am Rand einer Lichtung ein Hochsitz aufgebaut. Von dort oben kann man in den Abendstunden Hirsche und Rehe beim Äsen beobachten.

Ein Reh im Versteck

Das Reh ändert seine Fellfarbe: Im Sommer ist es rostbraun, im Winter graubraun. Auf seiner Kruppe sitzt ein helles Haarbüschel, das Spiegel heißt. Der Rehbock trägt ein Geweih mit bis zu drei Enden pro Stange. Das wirft er dann im Herbst ab.

Das weibliche Reh – die Ricke – bekommt im Mai oder Juni ein bis zwei Junge. Sind die Kitze noch klein, folgen sie der Mutter nicht, sondern bleiben regungslos in ihrem Versteck. Rehe fressen gerne Kräuter, Gras, Früchte und Triebe. Dabei sind sie sehr wählerisch.

Holundermilch-kaltschale

Bring einen Liter Milch zum Kochen. Nimm den Topf von der Herdplatte und lass eine Holunderblütendolde in der heißen Milch fünf Minuten ziehen. Wirf die Blüten dann weg und gib einen Esslöffel Zucker in den Topf. Verrühre einen Esslöffel Stärkemehl mit etwas kalter Milch und schütte es in die Holunderblütenmilch. Koche alles drei Minuten lang und rühre dabei immer wieder um. Wenn du den Topf vom Herd genommen hast, rühre ein Eigelb unter. Fülle die Kaltschale in eine Schüssel und warte, bis sie kalt ist.

Der gefleckte Damhirsch

Der Damhirsch hat verschiedene Fellfarben mit hellen Flecken. Er ist größer und kräftiger als das Reh. Sein Geweih ist schaufelförmig und wird im Frühjahr abgeworfen. Er bewegt ständig seinen Schwanz, daher auch Wedel genannt. Damhirsche ernähren sich von Gräsern, Kräutern, Früchten, Knospen und Blättern.

Ein Rothirsch mit Geweih

Der Rothirsch mit dem rostbraunen Fell ist am größten. Je älter der Hirsch ist, desto mehr Verzweigungen hat sein Geweih. Es wird am Ende des Winters abgeworfen. Ältere Hirsche haben eine dunkle Halsmähne. Die Hirschkuh wirft im Juni oder Juli meistens nur ein Junges. Rothirsche knabbern Gräser, Kräuter Triebe, Früchte und Rinde.

Nützliche Heilkräuter

Der Wald ist eine Schatzgrube für die Gesundheit. Überall sprießen Heilkräuter, die zur Herstellung von Medikamenten verwendet werden. Schon früher, als Arzneimittel noch nicht chemisch erzeugt werden konnten, nutzten die Menschen Pflanzen als Medizin, Salben, Tees und für Bäder. Die halfen, Krankheiten zu heilen oder zu lindern. Oft waren das einfache Hausrezepte, die von den Eltern an ihre Kinder weitergegeben wurden.

Dagegen ist ein Kraut gewachsen!

Pflanzliche Mittel kommen in der Medizin häufig zum Einsatz. Die Pflanzen werden auf Feldern angebaut oder wie in früheren Zeiten von Kräuterkundigen im Wald gesammelt. Aus den Kräutern stellen die Arzneimittelfirmen dann Tabletten und Säfte her.

Viele künstlich erzeugte Arzneimittel wurden nach einem Vorbild aus der Natur nachgebaut. Früher verwendete man zum Beispiel Weidenrinde gegen Kopfschmerzen. Der Wirkstoff aus der Rinde wurde erforscht. Heute stellt man ihn chemisch her.

Wacholder

Der Wacholderstrauch hat eine schwarzgraue, rissige Rinde und spitze Nadeln. Seine schwarzen Beeren werden als Gewürz für Wildgerichte und Sauerkraut verwendet. Ein Tee aus Wacholderbeeren hilft bei Sodbrennen und Magenentzündung.

Wacholder

Holunder

Der Holunder wächst häufig an Waldrändern und wird wegen seiner vielfältigen Heilwirkung auch in Gärten angepflanzt. Ein Tee aus Holunderblüten hilft bei Fieber und Erkältungskrankheiten. Trinkt man Tee aus Holunderblättern, so hilft er bei Nieren- und Blasenkrankheiten. Bei Verbrennungen wird der Schmerz gelindert, wenn man frische Holunderblätter auf die verletzte Stelle legt. Ein Kompott aus Holunderbeeren hilft bei Magenbeschwerden.

Leberblümchen

Das Leberblümchen hat blaue Blüten. Früher wurde das Kraut gesammelt und mit Alkohol übergossen. Nach etwa zwei Wochen war dann eine Medizin fertig, die gegen Leber- und Gallenleiden helfen sollte.

Beinwell

Der Beinwell wächst in feuchten Wäldern. Seine Blüten sind rötlich, violett oder gelblich weiß. Früher verwendete man einen Brei aus gekochten Wurzeln, um Wunden, Blutergüsse und Quetschungen zu heilen.

Lungenkraut

Die trichterförmigen Blüten des Lungenkrauts sind erst rot und verfärben sich dann blauviolett. Bereitet man aus den Blättern dieser Pflanze einen Tee, so hilft er bei Husten und Heiserkeit.

Fichtennadeln

Aus jungen Fichtentrieben kann man einen Tee kochen und mit Honig süßen. Der Tee hilft, wenn man verschleimte Lungen und starken Husten hat.
Sehr bekannt ist das Fichtennadelbad. Das kann man fertig kaufen, aber auch einfach selber machen. Dazu kocht man Fichtennadeln etwa eine halbe Stunde in Wasser. Die Nadeln werden abgesiebt und das Fichtennadelwasser zum Badewasser gegeben.
Das Bad ist wohltuend bei Rheumatismus und es beruhigt die Nerven.

In der Nacht

Still ist es im Wald und stockdunkel. Kein Mucks zu hören! Oder doch? Jetzt sind die Nachttiere unterwegs auf der Suche nach Nahrung. Am Tag halten sie sich gut versteckt. So bleiben sie vielen ihrer Feinde verborgen. Es gibt aber auch Raubtiere, die nur in der Nacht jagen. Eule, Fledermaus und Dachs finden sich im Dunkeln ausgezeichnet zurecht.

Sinne für die Dunkelheit

Tiere, die nachts unterwegs sind, nennt man »nachtaktiv«. Sie brauchen erstklassige Sinne, um in der Dunkelheit ihre Beute zu erkennen. Eulen haben daher besonders gute Augen. Fledermäuse orientieren sich mit dem sogenannten Echolot und fangen nachtaktive Insekten. Der Dachs hat eine besonders gute Nase und kann damit Früchte, Insekten und Würmer im Dunkeln aufspüren.

weibliches Glühwürmchen

männliches Glühwürmchen

Blütenzauber

Es gibt auch viele Pflanzen, die sich nachts anders verhalten als am Tag. Einige schließen nachts ihre Blüten, um sie vor Kälte zu schützen. Andere öffnen ihre Blüten am Abend, damit nachtaktive Insekten sie besuchen können.

Glühwürmchen im Anflug

In lauen Juninächten kann man im Wald kleine, leuchtende Punkte herumfliegen sehen. Das sind Glühwürmchen, die in ihrem Hinterleib Licht erzeugen können. Die Glühwürmchen sind aber gar keine Würmer, sondern Käfer.

Die Weibchen haben keine Flügel und krabbeln am Boden. Nur die Männchen können fliegen und schweben durch die dunkle Nacht. Durch das Leuchten geben sich die Glühwürmchen Zeichen.

Lautlose Jäger

Die Waldohreule und der Waldkauz jagen in der Nacht. Sie erbeuten hauptsächlich Mäuse. Die Eulen haben sehr gute Augen, die starr nach vorn gerichtet sind. Möchten sie sehen, was neben ihnen vorgeht, müssen sie den ganzen Kopf drehen. In mondlosen und stark bewölkten Nächten können die Eulen nicht jagen, denn etwas Licht brauchen auch sie zum Sehen.

Die Federn der Eulen sind an der Kante ausgefranst. Dadurch werden Reibungsgeräusche verhindert und die Eule kann fast lautlos ihre Beute verfolgen.

NA, SO WAS!

Hast du gewusst, dass . . .

. . . Eulen ihre Beute mit Haut, Haaren und Knochen verschlingen? Wenn das Fleisch verdaut ist, würgen sie die unverdaulichen Reste wieder aus. So ein Knäuel nennt man Gewölle. Gewölle liegen unter Bäumen, auf denen die Eulen am Tage ruhen.

. . . Eulen ihr Gesicht ganz auf den Rücken drehen können?

Waldkauz

Waldohreule

Aufgewacht nach einem langen Tag! Jetzt ist es Nacht – Zeit für die Jagd. Die Fledermaus erhebt sich in die Lüfte und verfolgt zielsicher Insekten, die ihr als Beute dienen. Bis zu 5.000 Stechmücken kann sie in einer einzigen Nacht vertilgen, denn sie ist ein geschickter Jäger. In der ganzen Welt gibt es fast 1.000 verschiedene Fledermausarten. Einige davon leben auch in unseren Wäldern.

Fliegende Säugetiere

Obwohl Fledermäuse sehr gut fliegen können, sind sie keine Vögel. Sie gehören zu den Säugetieren. Das heißt, dass sie ihre nackt und blind geborenen Jungen säugen, bis sie selbstständig sind. Tatsächlich sind Fledertiere die einzigen fliegenden Säugetiere der Erde!
Ihr Körperbau ist der eines Säugetiers, gleichzeitig ist er jedoch perfekt ans Fliegen angepasst. Mit ihren vier Fingern spannen die Fledermäuse ihre großen Flügel auf. Der Daumen ist als kleine Kralle vorhanden, sodass sie geschickt klettern können. Mit ihrem spitzen Gebiss fangen Fledermäuse ihre Beute im Flug direkt auf und knacken mühelos den dicken Insektenpanzer.

Die Fledermaus

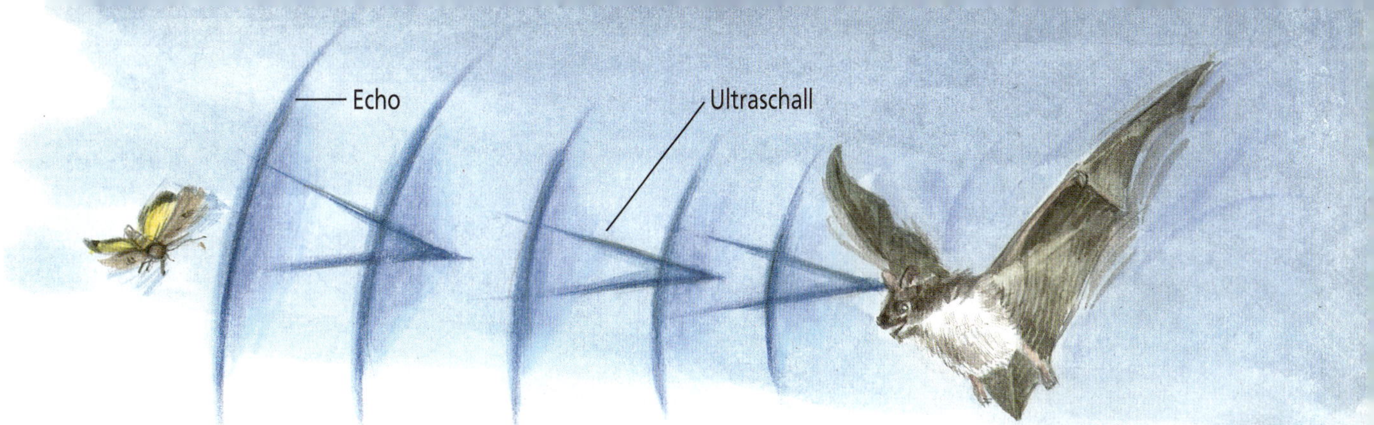

Der Trick mit dem Echolot

Fledermäuse sind für das Leben im Dunkeln bestens gerüstet. Sie finden sich auf ganz besondere Weise zurecht: mit dem Echolot. Durch ihren Mund oder ihre Nase stoßen sie für den Menschen unhörbare Laute aus. Man nennt das Ultraschallrufe. Wenn diese auf ein Hindernis treffen, werden sie als Echo zurückgeworfen. So entstehen durch Bäume, Sträucher oder Insekten verschiedene Echos, mit deren Hilfe sich die Fledermaus nachts orientiert. Sie erstellt sich ein »Hörbild« von ihrer Umgebung.

Zu Hause in der Baumhöhle

Tagsüber schläft die Fledermaus in ihrer Baumhöhle, wo sie auch ihre Jungen aufzieht. Einige Fledermäuse verbringen dort sogar ihren Winterschlaf. Sofort nach der Geburt halten sich die jungen Fledermäuse mit ihren Füßen, der Daumenkralle und den Milchzähnen im Fell der Mutter fest. So kann diese ihr Junges immer mit sich herumtragen, sogar beim Fliegen.

Fledermaus-Exkursion

Fledermäuse sind gefährdete Tiere, die unseren besonderen Schutz brauchen. Vielleicht werden auch an deinem Wohnort Fledermaus-Exkursionen angeboten. Wenn du daran teilnimmst, kannst du das Leben dieser einzigartigen Tiere noch besser kennenlernen. Du wirst sehen, dass es sich lohnt, sich für die Fledermäuse und ihren Lebensraum einzusetzen.

Bei deiner Fledermaus-Exkursion solltest du Folgendes beachten:

- Schalte deine Taschenlampe nicht vor einem Fledermausquartier ein. Grelles Licht schreckt die Tiere auf.
- Je leiser du bist, umso besser kannst du die Fledermäuse beobachten.

Geheimnisvolle Spuren

Wer ist da gelaufen? Wer hat da geknabbert? Wer hat sein Häufchen hinterlassen? Gute Spurenleser können aus Trittspuren, Kot und Fraßspuren viel herauslesen. Die Trittspur verrät, ob das Tier schnell oder langsam lief, ob es schwer oder leicht war und wie viele Tiere zusammen gelaufen sind. Fraßspuren an der Haselnuss zeigen nicht nur, wer hier genagt hat, sondern auch, ob es ein erfahrenes Tier oder ein ungeübtes Jungtier war.

Schritt für Schritt
Trittspuren oder Fährten sind die bekanntesten Spuren. Das sind die Fußabdrücke, die ein Tier hinterlässt.

Sohlengänger
Der Dachs tritt mit dem ganzen Fuß auf. An seinem Fußabdruck erkennt man Krallen, Zehen, Ballen und Sohle.

Zehengänger
Der Fuchs tritt nur mit den Zehen auf. An seinem Fußabdruck sieht man nur Krallen und Krallenballen.

Hufabdrücke
Die verhornten Zehen von Hirsch, Reh oder Wildschwein nennt man Hufe. Sie hinterlassen paarige Abdrücke.

Tierischer Knabberspaß

Fraßspuren findest du an Blättern, Baumrinden, Tannenzapfen oder Nüssen. Jedes Tier hat seine eigene Art zu knabbern.
Die Waldmaus nagt ein kreisrundes Loch mit Spuren von feinen Zähnchen in die Nussschale. Ein Fichtenzapfen wird sorgfältig abgenagt und es bleibt eine sauber geputzte Spindel zurück.
Das Eichhörnchen knabbert die dünnere Schale an der Nussspitze ab. Vom Fichtenzapfen reißt es die Schuppen der Reihe nach weg, um an die darunter liegenden Samen zu kommen. An der Zapfenspindel verbleiben einige Schuppen.

Lauter kleine Häufchen

Auch der Kot – die Losung – gibt Auskunft über ein Tier.
Achtung, Kot nie anfassen!

Pflanzenfresser

Der Kot von Hasen oder Mäusen wird als kleine, trockene Körner ausgeschieden. Sie enthalten unverdaute Pflanzenreste.

Fleischfresser

Der Kot von Marder und Wiesel ähnelt einer Wurst, die an einem Ende schmaler wird. Sie enthält unverdauliche Reste wie Haare, Knochen oder Federn.

Insektenfresser

Der Kot von Igel und Waldspitzmaus enthält unverdauliche Reste von Insektenpanzern. Igelkot ist länglich geformt.

Viele Tiere im Wald leben im Verborgenen. Es ist schwer, sie direkt zu beobachten. Jedoch hinterlassen sie sehr viele Spuren. Manchmal ist es spannender, diese Spuren richtig zu deuten, als das Tier selbst zu erblicken. Wenn du die Spuren im Wald aufmerksam verfolgst, wird es dir sogar gelingen, Tiere zu entdecken, die du vielleicht übersehen hättest.

Zwischen Holz und Rinde
Das Buchdruckerweibchen frisst zwischen Holz und Rinde einen Hauptgang, in dessen Wand es in kleinen Nischen seine Eier ablegt. Die Larven fressen sich von diesem Muttergang seitwärts und verpuppen sich am Ende des Gangs.

Geborgen in der Galle
Die Buchengallmücke legt ihre Eier auf den Blättern von Buchen ab. Das Blatt bildet dann die tropfenförmigen Gallen. Anfangs sind sie grün, später verfärben sie sich rötlich. In der Galle geschützt, entwickelt sich die Larve zum Vollinsekt und schlüpft dann aus.

Verborgene Waldbewohner

Buchengalle mit Larve

In Gangminen unterwegs

Larven kleiner Insekten fressen die blattgrünhaltigen inneren Blattzellen. Die obere und untere Außenhaut des Blattes wird dabei verschont und es entstehen lichtdurchlässige Gänge. Am Anfang des Ganges war die Larve noch klein und der Gang ist schmal. Gegen Ende wird er immer breiter. Häufig findet man am Gangende die Larve oder Puppe des Insekts.

Ein Fußabdruck zum Mitnehmen

Such dir einen Fußabdruck aus, der möglichst gut erhalten ist. Fülle etwas Wasser in ein Gefäß und rühre so viel Gipspulver aus dem Bastelladen hinein, dass ein dünner Brei entsteht. Den Gipsbrei kannst du dann vorsichtig in den Fußabdruck gießen. Jetzt musst du ein bis zwei Stunden warten, bis der Gips trocken und hart ist. Am besten markierst du die Stelle, dann kannst du in der Zwischenzeit andere Spuren suchen. Ist der Gips hart geworden, löse ihn vorsichtig vom Waldboden ab. Den Abdruck kannst du mit einer weichen Bürste von Bodenresten säubern.

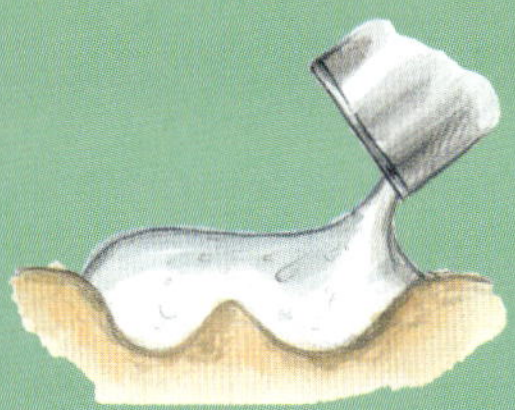

Leckere Blätter

Fensterfraß
Das Blatt hat rundliche, kleine Löcher, die häufig von Fliegenlarven in die Blätter gefressen werden.

Kästchenfraß
Springschwänze und Milben fressen Stückchen der weicheren Blattunterseite, die härtere obere Blattschicht bleibt stehen.

Lochfraß
Raupen und Schnecken fressen große Löcher. Nur die Blattrippen bleiben manchmal übrig.

Wo Tiere wohnen

Tierwohnungen im Wald zu finden ist nicht immer einfach. Denn die Nester, Höhlen und Baue dienen den Tieren als Versteck vor ihren Feinden und zur sicheren Aufzucht der Jungen. Manche Tiere bauen sich ihre Wohnung selbst, andere nutzen die verlassenen Nester ihrer Vormieter oder bauen natürlich entstandene Wohnungen oder Nistkästen einfach aus.

Selbst gezimmert

Der Buntspecht hämmert mit seinem Schnabel eine Höhle in einen abgestorbenen Baum. Dort schläft er und zieht seine Jungen auf.

Schlauer Nachmieter

Die Waldohreule baut kein eigenes Nest, sondern brütet in den verlassenen Nestern anderer Vögel – wie zum Beispiel der Krähen.

Einfach umgebaut

Der Kleiber nistet gern in verlassenen Spechthöhlen. Er verkleinert den Eingang der Höhle, indem er ihn mit Lehm verklebt.

Weich und gemütlich

Für den Bau ihrer Wohnungen verwenden die Waldtiere unterschiedliche Materialien. Viele Singvögel bauen ihre Nester aus Zweigen. Die polstern sie mit weichen Pflanzenteilen, Federn und Haaren aus. Die Waldmaus gräbt einen Bau unter die Erde. Die Kinderstube legt sie mit Moos und Gras aus.

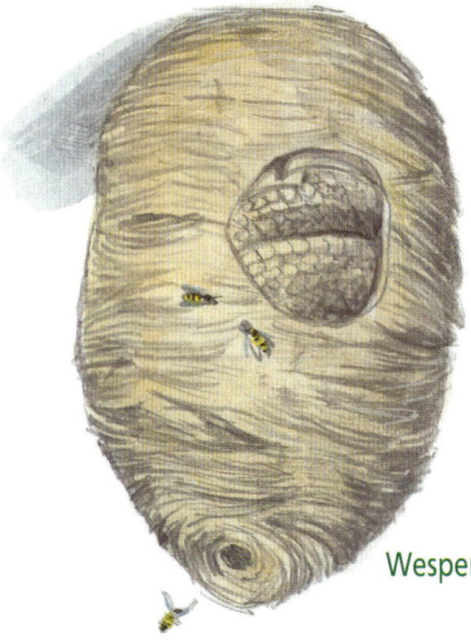

Wespennest

Wabenkünstler

Wespen nagen an abgestorbenem Holz. Sie speicheln es ein und zerkauen es zu Pappmaschee. Daraus bauen sie Wabe für Wabe ihr Nest und vergrößern es immer weiter. Honigbienen bauen die Waben ihrer Nester aus Wachs. Sie produzieren das Wachs in einer Drüse.

Bienenwaben

Eingewickelt

Das Weibchen des Birkenblattrollers nagt von zwei Seiten in die Blätter von Birken, Buchen oder Haseln eine Bogenlinie, die Mittelrippe bleibt unbeschädigt. Die welkenden Blattteile werden vom Käfer zu einem Trichter zusammengerollt. In diesen legt das Weibchen seine Eier. Die Larven sind in dem gewickelten Trichter vor Feinden geschützt.

Im Fuchsbau

Die meiste Zeit des Tages ist der Fuchs verschwunden. Wo mag er stecken? In seinem Bau tief unter der Erde hat er es sich gemütlich gemacht. Füchse graben sich ihre Höhle am liebsten im Wald. Und ein sonniges Plätzchen soll es auch sein. Doch mancher Fuchs ist ein kleiner Faulpelz. Er buddelt nicht selbst, sondern zieht einfach in einen Dachsbau ein.

Ein Wohnkessel für die Welpen

Mehrere Gänge, die ungefähr zehn Zentimeter breit sind, führen hinunter in den Fuchsbau. Man nennt sie auch Röhren. Der Bau besteht aus mehreren Wohnkesseln. Diese sind durch weitere Röhren miteinander verbunden.

Ein Kessel dient vor allem der Fähe – so nennt man die Füchsin – als Ruhe- und Aufzuchtplatz für ihre Welpen. Dort fühlen sich die kleinen Füchse vollkommen sicher, denn der Wohnkessel ist gut ausgepolstert und liegt etwa drei Meter unter der Erde.

Spielen, bis es dunkel wird

Wenn die Jungen etwa sechs Wochen alt sind, verlassen sie zum ersten Mal den Bau. Bis es dunkel ist, spielen sie draußen zusammen und balgen sich. Sie bleiben immer nah beim Eingang.

NA, SO WAS!

Wusstest du schon, dass . . .

. . . nur die Fuchswelpen und die Fähe im Fuchsbau leben? Der männliche Fuchs ist ein Einzelgänger.

. . . sich der Fuchsvater aber trotzdem eine Zeit lang um seine Familie kümmert? Von Weitem wacht er über die Fähe und die Welpen und vertreibt unerwünschte Besucher. Regelmäßig bringt er den Jungen Nahrung.

. . . der Fuchsvater die Beutetiere noch lebend vor dem Fuchsbau ablegt? So können die Fuchswelpen Jagdtechniken üben.

Nachbar Dachs

Nicht immer gräbt der Fuchs seinen Bau selbst. Ganz große Fuchsbauten wurden meist von einem Dachs angelegt. Dachsbauten haben mehrere Etagen, viele große Kessel und bis zu 15 Ausgänge. Dort zieht der Fuchs gerne ein, auch wenn der Dachs noch darin wohnt. Füchse und Dachse vertragen sich gut.

Gift und Gefahr

Einige der Pflanzen, Früchte oder Pilze im Wald sind giftig. Wenn man davon isst, wird man krank. Dann drohen Übelkeit, Bauchschmerzen oder Durchfall. Auch an essbaren Früchten lauert Gefahr, denn an ihnen können Krankheitserreger haften. Viele Tiere wehren sich mit giftigen Bissen, Stacheln oder Hautsekreten, wenn sie sich bedroht fühlen. Ungiftige Tiere können gefährlich werden, wenn sie ihre Jungen verteidigen.

Steinpilz, essbar

Knollenblätterpilz, giftig

Vorsicht bei Pilzen und Beeren!

Beeren und Pilze werden gern im Wald gesammelt, um daraus Marmelade zu kochen oder ein Pilzgericht zuzubereiten. Da es aber auch ungenießbare Beeren gibt und giftige Pilze, ist Vorsicht geboten. Man sollte niemals Beeren und Pilze sammeln, die man nicht genau kennt. Und achte darauf, dass du die genießbaren Arten nicht mit den ungenießbaren verwechselst. Am besten lässt du dir dabei von einem Erwachsenen helfen.

Holunderbeeren, genießbar

Hartriegelfrüchte, ungenießbar

Tödliche Tollwut

Wird man von einem tollwütigen Tier wie einem Marder oder Fuchs gebissen, so kann man sich mit der Tollwut anstecken. Dann muss man sofort geimpft werden, damit die Krankheit nicht ausbricht. Man kann daran sterben. Tiere im Wald daher nicht anfassen, auch nicht, wenn sie zutraulich sind!

NA, SO WAS!

Die Herkulesstaude kann bis zu vier Meter groß werden, das ist etwa so hoch wie eine Straßenlaterne.

Der Fuchsbandwurm

Der kleine Fuchsbandwurm ist ein Parasit, der im Darm von Füchsen lebt. Legt er Eier, so werden diese mit dem Kot ausgeschieden. Nimmt der Mensch versehentlich solche Eier zu sich, kann er sich mit dem Fuchsbandwurm anstecken. Beim Menschen schädigt der Bandwurm die Leber, und das ist gefährlich. Daher sollte man Früchte, die man im Wald gesammelt hat, immer gut waschen und am besten stark erhitzen, bevor man davon isst.

Gefährliche Schönheit

Die Herkulesstaude stammt aus dem Kaukasus. Von dort wurde sie zu uns gebracht und man findet sie immer häufiger an Wegrändern im Wald. Da die Pflanze sehr groß werden kann, ist sie kaum zu verwechseln. Die weißen Blüten, die von Juni bis September blühen, stehen in großen Dolden. Die Laubblätter bestehen aus drei Teilen und der Stängel hat rote Flecken. Die ganze Pflanze und vor allem der Pflanzensaft enthalten einen Stoff, der die Haut reizt. Scheint dann noch die Sonne auf die Haut, kommt es zu einer Entzündung, die stark juckt und Blasen bildet. Fass deshalb die Herkulesstaude nicht an und brich keine Blätter oder Blüten von ihr ab.

Herkulesstaude

NA, SO WAS!

Die Blütendolde der Herkulesstaude kann 50 cm Durchmesser haben, das ist etwa so groß wie eine große Kuchenplatte. Der Stängel wird bis zu 10 cm dick, das ist etwa so dick wie ein Dachrinnenabflussrohr.

Der kleine Blutsauger

Die Zecke ist ein Blutsauger. Sie ernährt sich vom Blut kleiner Säugetiere wie Mäuse oder Igel, aber auch von Vögeln und Reptilien. Einen geeigneten Wirt erkennt sie am Geruch. Mit ihren Mundwerkzeugen sticht die Zecke in die Haut und nimmt dann Blut auf. Dabei spuckt sie etwas Speichel in die Wunde. Der enthält betäubende Stoffe, sodass der Stich gar nicht bemerkt wird. Auch Menschen sind Opfer.

Einmal zugestochen!

Zecken können mit ihrem Speichel gefährliche Krankheitserreger an den Menschen weitergeben. Hat die Zecke bei einer früheren Blutmahlzeit an einem Tier gesaugt, das das FSME-Virus oder das Borrelienbakterium in sich trug, können diese Krankheitserreger auf den Menschen übertragen werden. Deshalb ist es wichtig, sich vor Zeckenstichen zu schützen.

Auch Igel, Mäuse und Vögel werden von Zecken gestochen.

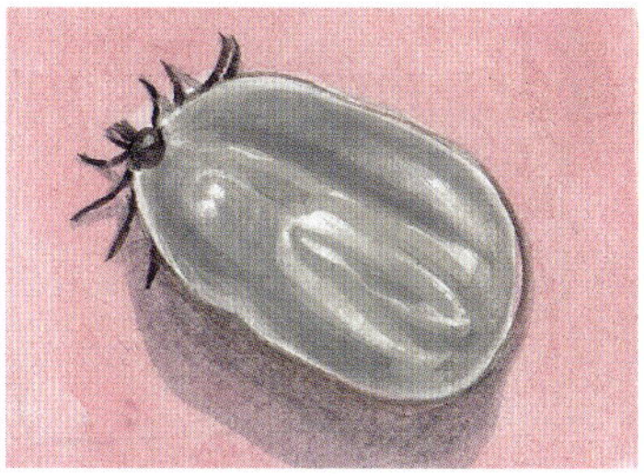

Dick gefressen!
Die Zecke saugt so viel Blut, dass sie um ein Vielfaches größer wird. Dann verlässt sie den Wirt, verdaut die Mahlzeit und häutet sich, bevor sie einen neuen Wirt aufsucht.

Wie Zecken sich vermehren
Die Zecke gehört zu den Spinnentieren. Wie alle Spinnentiere hat auch die Zecke acht Beine und unterscheidet sich somit von den sechsbeinigen Insekten. Ein Zeckenweibchen legt bis zu 3.000 Eier. Daraus schlüpfen winzige Larven, aus denen sich sogenannte Nymphen entwickeln. Die Nymphen häuten sich mehrmals und erreichen dadurch das nächste Entwicklungsstadium – bis sie schließlich ausgewachsen sind.

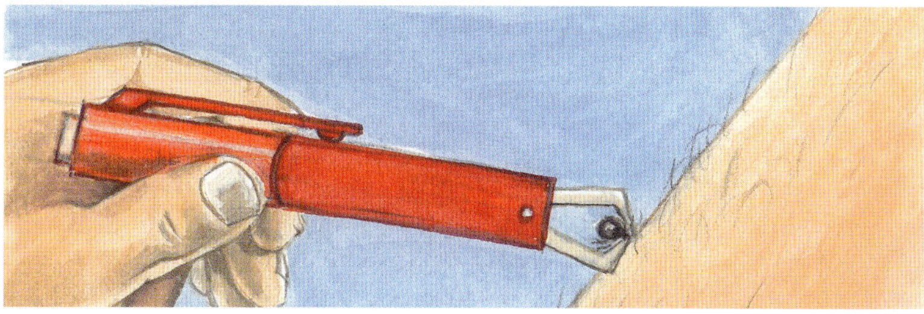

Die Zecke muss weg
Wurde man gebissen, muss die Zecke so schnell wie möglich entfernt werden. Dazu zieht man das Tier vorsichtig mit einer Pinzette oder besser einer speziellen Zeckenzange heraus. Das Tier darf dabei nicht verletzt oder gequetscht werden, denn dann können noch mehr Krankheitserreger eindringen. Anschließend wird die Wunde mit einem Desinfektionsmittel abgetupft. Fühlt man sich nach einem Zeckenbiss unwohl – etwa wie bei einer Grippe – oder entsteht rund um den Biss ein roter Ring, der sich ausbreitet, sollte man unbedingt einen Arzt aufsuchen.

Schutz vor Zecken
Zecken leben bevorzugt im Gras, in Büschen und im Unterholz und werden oft im Vorbeigehen abgestreift. Deshalb sollte man auf den Waldwegen bleiben und geschlossene Schuhe, Strümpfe und lange Hosen tragen. Nach einem Besuch im Wald sollte man die Kleidung wechseln und den Körper gründlich nach den kleinen Blutsaugern absuchen. Sie sind etwa stecknadelkopfgroß und haben kleine Beinchen. Haben sie sich noch nicht festgebissen, kann man sie einfach abschütteln.

Moderne Forstwirtschaft

Schon früher nutzten die Menschen den Wald. Sie holten sich dort Brennholz. Ihre Speisekarte besserten sie mit Walderdbeeren, Pilzen, Nüssen, Eicheln und Esskastanien auf. Sie sammelten Pflanzen für Heiltees und Arzneien. Heute gibt es nur noch wenige Wälder, in die der Mensch noch nicht eingegriffen hat. Wälder werden besonders gepflegt, denn Holz ist ein wertvoller Rohstoff.

Alles aus Holz

Viele unserer Möbel sind aus Holz. Holz dient auch als Baumaterial oder zur Papierherstellung. Aus Holz lassen sich Stoffe chemisch gewinnen, die man für Medikamente, Plastik oder Kunstfasern braucht. Holz ist aber vor allem zum Heizen wichtig.

Auf ins Sägewerk

Die Stämme werden ins Sägewerk transportiert. Dort schneidet man daraus Bretter oder Balken zu. Vor der Weiterverarbeitung muss das Holz trocknen.

Förster gefragt!

Förster pflegen und überwachen die Wälder, damit diese gesund bleiben und hochwertiges Holz hervorbringen. Aber Bäume wachsen langsam und in vielen Waldgebieten werden mehr Bäume abgeholzt als nachwachsen können. Bevor die Stämme geschlagen werden, müssen die Förster die Wiederaufforstung des Waldes sichern.

In der Baumschule

In Baumschulen oder Schonungen wachsen Bäume für die Aufforstung heran. Im Alter von zwei bis drei Jahren werden die jungen Bäume in den Wald versetzt.

Im Forstwald findet man immer wieder auch Zäune. Sie dienen zum Schutz der Bäumchen. Denn Rehe, Dam- und Rotwild fressen gern frische Triebe und Knospen ab.

Holz bringt Kohle

Der Holzhandel ist für den Forstbetrieb sehr wichtig, denn mit den Geldeinnahmen werden zum Beispiel Waldarbeiter, der Einsatz der Maschinen, Pflanzen oder Zäune bezahlt.

Trickreich gemessen!

Wie die Forstleute kannst du die Höhe eines Baumes selbst abschätzen. Du brauchst dazu einen Stock und einen Freund.

Dein Freund stellt sich direkt neben den Stamm, während du so weit entfernt stehen musst, dass du den Baum komplett siehst. Nun halte den Stock mit ausgestrecktem Arm vor dich hin. Richte den Stock so aus, dass der Kopf deines Freundes auf gleicher Höhe wie ein Stockende ist. Markiere an dem Stock, wo die Füße deines Freundes sind. Schau nun, wie oft du diese Strecke addieren musst, bis die Höhe des Baumes erreicht ist. Nimm diese Zahl mit der Größe deines Freundes mal. Dann weißt du, wie hoch der Baum ungefähr ist.

Wer arbeitet im Wald?

Viele Menschen genießen ihre Freizeit im Wald und beobachten die Natur. Doch für einige ist der Wald ihr Arbeitsplatz. Sie kommen jeden Tag, halten unsere Wälder sauber, pflegen sie und kümmern sich um die Tiere. Sie sind aber auch verantwortlich für all die forstwirtschaftlichen Aufgaben, die in einem Wald anfallen.

Ein Förster im Revier

Ein Förster oder eine Försterin haben viele Aufgaben. Sie kontrollieren ihre Reviere. Mit den Waldarbeitern halten sie die Nistkästen sauber. Sie entscheiden, welche Bäume gefällt werden, und kennzeichnen sie. Mit einem Handcomputer registriert der Förster Länge und Durchmesser der gefällten Baumstämme. Außerdem sorgt er dafür, dass genügend junge Bäume im Wald angepflanzt werden. Der Förster muss wissen, wann die Tiere und Bäume in seinem Revier von Krankheiten oder Schädlingen befallen sind, und verhindern, dass diese sich ausbreiten. Er erstellt Arbeitspläne für die Waldarbeiter. Außerdem erklärt er Kindergruppen den Wald.

Der Jäger passt auf

Der Jäger darf nur in bestimmten Jagdbezirken, die man Reviere nennt, auf die Jagd gehen. Für sein Revier trägt er die Verantwortung, das heißt, dass der Jäger das ganze Jahr über beobachtet, ob es hier kranke Tiere oder starke Verbissschäden durch Tiere gibt. Der Jäger ist auch dafür verantwortlich, dass der Lebensraum der Tiere in seinem Revier erhalten bleibt. Neben der Jagd gehört also die Pflege der Tiere und des Waldes zu seinen Aufgaben.

Viel Arbeit für die Waldarbeiter

Waldarbeiter werden heute Forstwirte genannt. Sie arbeiten nach den Arbeitsplänen, die der Förster für sie aufstellt. Sie pflanzen junge Bäumchen aus, kümmern sich um die Anpflanzungen, pflegen Waldwege und Nistgelegenheiten für Tiere und helfen bei den Holzfällarbeiten. Heutzutage arbeiten die Holzfäller mit Motorsägen und Maschinen. Damit werden die Bäume gefällt, entastet, entrindet und in gleich lange Stücke gesägt.

Entrindungsmaschine

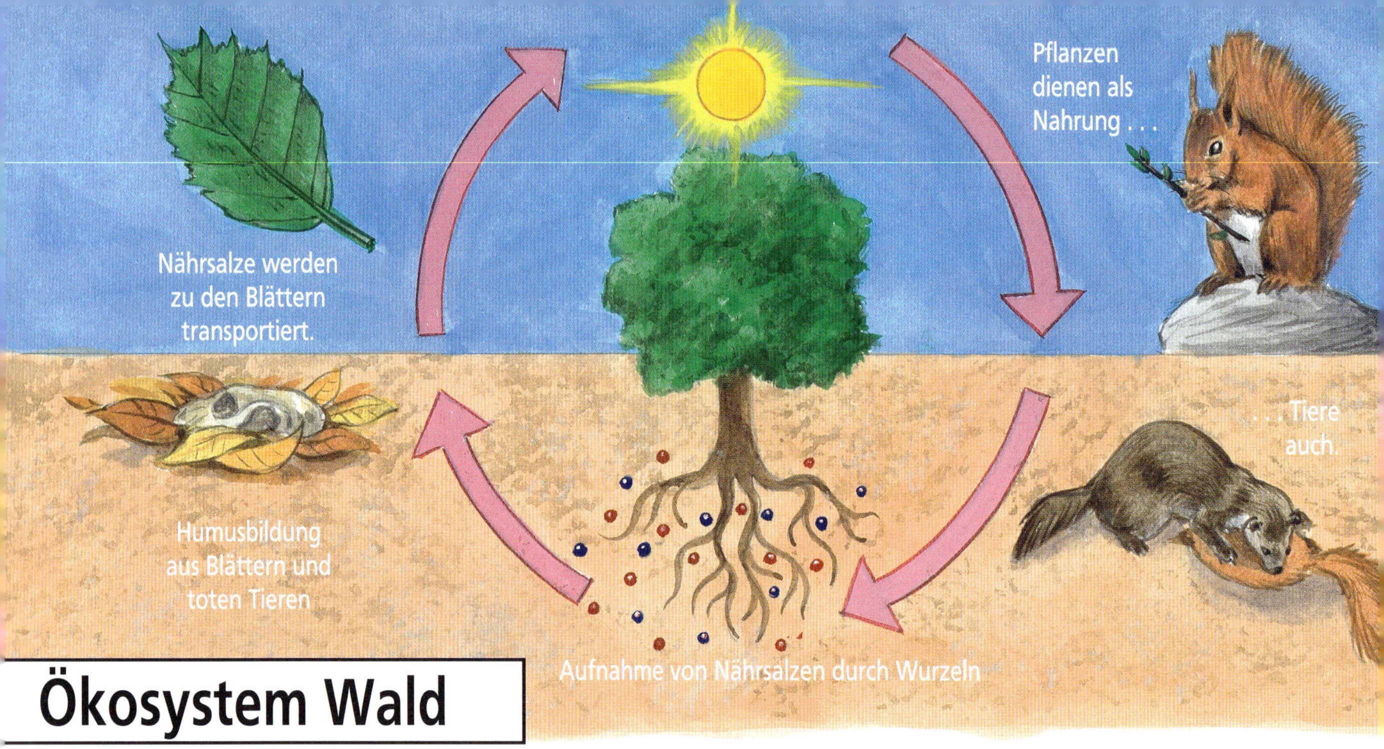

Ökosystem Wald

Die Wälder der Erde sind für Tiere und Menschen ein wichtiger Lebensraum. Sie verbessern die Atemluft und speichern Wasser und Nährstoffe. Dort wimmelt es von großen und winzig kleinen Lebewesen. Alle Pflanzen und Tiere bilden eine Lebensgemeinschaft. Dazu sagt man auch Ökosystem. Innerhalb dieser Lebensgemeinschaft gibt es verschiedene Kreisläufe und Ketten. In einem Ökosystem fallen keine Abfälle an: Alles wird wieder verwertet.

Blätter und Nahrung

Die grünen Pflanzenteile gewinnen mithilfe des Lichts Nährstoffe und dienen den Pflanzenfressern als Nahrung.

Aus Laub wird Humus

Abgestorbene Pflanzenteile oder heruntergefallene Herbstblätter sind kein Waldabfall. Das Laub verrottet und wird zu Humus zersetzt. Wenn es in seine Grundstoffe zerlegt ist, werden diese wieder als Nährsalze von den Pflanzenwurzeln aufgenommen.

Schnell zersetzt

Stirbt ein Tier, sorgen Insektenlarven, Pilze und Bakterien für eine schnelle Zersetzung. Durch Zerfall und Aufspaltung in winzige Bausteine werden Nährstoffe freigesetzt, die den lebenden Pflanzen und Tieren neu zur Verfügung stehen. So herrscht im Ökosystem Wald ein ständiger Kreislauf der Stoffe.

Keine künstlichen Wälder

Früher wurden unsere Wälder bedenkenlos abgeholzt. Durch künstliche Anpflanzungen von schnell wachsenden Bäumen, wie zum Beispiel Fichten oder Kiefern, wollte man neue Wälder schaffen. Da sie meist nur aus einer Baumart bestanden, konnten sich bestimmte Baumkrankheiten schnell ausbreiten und den Wald zerstören. Heute sorgen Förster dafür, dass verschiedene Pflanzen wachsen, die unterschiedliche Nährstoffe aus dem Boden holen.

Deine Humuskiste

Besorg dir beim Obsthändler eine Holzkiste und lege den Boden dick mit trockenem Laub aus. Darauf kannst du nun Obst- und Gemüsereste schichten. Mische immer wieder ausreichend trockenes Laub unter, bis deine Kiste fast voll ist. Stell sie an einem geschützten Ort im Freien auf und warte mehrere Wochen. Mikroorganismen wie Bakterien und Pilze zersetzen die Küchenabfälle und das Laub und machen daraus Humus. Unter die Blumenerde gemischt, wachsen die Pflanzen besser.

Das große Waldsterben

Seit etwa 25 Jahren sterben in unseren Wäldern immer mehr Bäume. Ganze Waldgebiete sind bedroht. Hauptursache ist der sogenannte saure Regen, der durch die Abgase der Autos und der großen Industrieanlagen entsteht. Er verätzt die Blätter und Nadeln der Bäume. Sie färben sich gelb und braun und sterben ab. Der Baum selbst nimmt saures Wasser aus dem Boden auf. Schließlich werden Äste und Kronen kahl und die Bäume sterben ab.

Ein Lob für den Umweltschutz

Damit der Lebensraum Wald nicht weiter gefährdet wird, setzen sich mittlerweile viele Menschen für den Umweltschutz ein. Sie achten darauf, Gegenstände einzukaufen, die umweltschonend hergestellt wurden. Man erkennt sie an ihren Siegeln. Autos und Industrieanlagen müssen heute mit Katalysatoren und Filtern ausgerüstet sein, sodass weniger Schadstoffe in die Luft gelangen.

Räuber und Beute

Der Wald wimmelt von Räubern. Sie schleichen sich an, stürzen sich auf ihr Opfer und vertilgen es mit Genuss. Denn jeder muss fressen. Luchs und Greifvögel wie Habicht, Falke und Milan sind echte Beutegreifer, die sich ausschließlich von Tieren ernähren. Je nach Körpergröße, Schnelligkeit und Jagdart können die Räuber größere oder kleinere Tiere erbeuten. Am häufigsten trifft es die Kleinen.

Jäger mit scharfen Krallen
Der Dachs ist ein dämmerungs- und nachtaktiver Räuber und ein Allesfresser. Regenwürmer, Schnecken, kleine Säugetiere, Eier, junge Vögel, Früchte, Pilze und Wurzeln gehören auf seine Speisekarte.

Er frisst auch von toten Tieren und verschlingt große Mengen Insekten. Die findet er, indem er mit seinen langen Krallen im Boden gräbt und mit seiner feinen Nase im Unterholz wühlt.

Vorsicht vor dem Klettermax!
Der Baummarder fängt seine Beute nachts. Er jagt verschiedene Mäusearten, kleine Säugetiere und Vögel.

Der Baummarder ist ein guter Kletterer. Deshalb sind auch Eichhörnchen vor ihm nicht sicher. Schnell beißt er seinen Opfern die Kehle durch. In schlechten Zeiten frisst er auch Eier, Honig, Insekten und Früchte.

Wenn der Fuchs lauert

Der Fuchs ist dämmerungs- und nachtaktiv und kann sehr gut sehen, hören und riechen. Er jagt entweder am frühen Morgen oder gegen Abend Mäuse, Hasen und Vögel.

Wenn er seine Beute wittert, bleibt er stehen, spitzt die Ohren und lauert der Beute bewegungslos auf. Mit einem großen Satz springt er auf sein Opfer und packt es mit seinen durchgestreckten Vorderläufen.

Trotz seiner großen Geschicklichkeit entwischt ihm seine Beute in vier von fünf Fällen. Dann muss sich der Fuchs mit Früchten und Insekten begnügen. Bei Regenwetter verzichtet er ganz auf die Jagd.

Selten geworden

Wolf, Bär und Luchs sind große Raubtiere. Sie sind in der Lage, auch großes Wild wie Rotwild und Schwarzwild zu jagen.

Aber auch sie fressen kleine Säugetiere, Früchte, Obst und Pilze. Da wir Menschen die Wälder immer kleiner rodeten, wurde ihnen bei uns der Lebensraum genommen. In freier Wildbahn kommen sie nur noch selten vor.

Wolf Braunbär Luchs

Vegetarier und Co

Manche Tiere sind Vegetarier. Zu den reinen Pflanzenfressern zählen Rehe, Rot- und Damwild oder auch Kaninchen.

Andere Tiere sind Allesfresser. Sie leben von Pflanzen und von Tieren. Wildschweine gehören dazu.

Auch Insektenlarven ernähren sich von Blättern oder Wurzeln und von toten Tieren.

Ina Hoffmann * Angela Hoffmann

Natur entdecken

Wiese und Hecke

Mit Bildern von Thomas Müller
und Heinz-Helge Schulze

Auf den Wiesen tummelt sich eine Vielzahl kleinster oder verborgener Lebewesen: Käfer und Schmetterlinge, Grillen und Mäuse. Man muss schon genau hinsehen, um ihre besonderen Lebensweisen zu erkennen. Mikrokosmos heißt eine solche Welt im Kleinen. Er birgt viele Geheimnisse. Je nachdem, auf welchem Boden die Wiese wächst, können sich dort die unterschiedlichsten Pflanzen entwickeln. So entstehen ganz verschiedene Lebensräume wie Trockenrasen, Feuchtwiese oder Streuobstwiese. Unterschiedliche Tiere fühlen sich hier wohl.

Ein Paradies für kleine Tiere

Der Nahrungskreislauf ist auf der Wiese gesichert. Denn die Gräser und Wiesenblumen ernähren viele Insektenarten, die wiederum die Nahrungsgrundlage von Vögeln und kleinen Tieren sind.

Die Pflanzen der Hecke bieten den kleinen und allerkleinsten Tieren Schutz, Rückzug und Nahrung. Außerdem bewohnen Kleintiere wie Maulwürfe, Kaninchen, Vögel, Igel, Wiesel oder Mäuse gern die Grasflächen der Wiese, weil sie dort reichlich Futter finden. So bildet das Leben in den Mikrokosmen Wiese und Hecke eine Gemeinschaft, in der jedes Lebewesen seinen Platz besitzt.

Und der Mensch? Auch für uns sind Wiesen und Hecken von großer Bedeutung. Hecken brechen den Wind und bremsen so seine Geschwindigkeit. Auf diese Weise schützen sie die Pflanzen auf den angrenzenden Feldern der Bauern.

Auch Wiesen werden von Bauern bewirtschaftet: Auf den Streuobstwiesen wachsen alte Obstbäume, Heuwiesen liefern Winterfutter für die Stalltiere und auf den Weiden grasen Kühe und Schafe. Es lohnt sich also, diese Ökosysteme zu erhalten und sie durch umsichtige Verhaltensweisen zu schützen.

Wie Wiesen und Hecken entstanden

Wälder über Wälder – wohin man nur schaute. Bis vor etwa 7.000 Jahren lebten die Menschen in Mitteleuropa in einer waldreichen Region. Sie gingen auf die Jagd und sammelten Nüsse, Samen, Früchte und Beeren. Doch dann veränderte sich die Landschaft. Die Wälder nahmen ab und eine Steppe breitete sich aus. Was war passiert?

Frühe Landwirtschaft

Unsere Vorfahren lebten immer in der Ungewissheit, ob sie ihre Familien ernähren konnten. Gab es genug Wildtiere zum Jagen? Wuchsen ausreichend Wildpflanzen? Bald kam man auf die Idee, auf ausgesuchten Stellen Getreide anzupflanzen. Das war der Beginn der Landwirtschaft. Außerdem zähmten die Menschen Wildtiere. Schweine, Kühe, Hühner und Pferde versorgten sie mit Fleisch, Milch und Eiern oder halfen bei der Feldarbeit.

Wälder werden Wiesen

Ihre Nahrung suchten die Haustiere in den Wäldern. Wenn diese abgeweidet waren, ließen sie sich leichter roden, und neue Felder und Wiesen entstanden. Diese Landschaft nennt man Kultursteppe.
Oft standen auf den Wiesen oder Feldern auch einige Obstbäume. Diese sehr abwechslungsreiche Kulturlandschaft war der Lebensraum vieler Pflanzen und Tierarten. Aus den östlichen Steppen wanderten typische Steppenbewohner zu uns ein wie die Kuhschelle, der Feldhamster und das Rebhuhn.

Kuhschelle

Feldhamster

Rebhuhn

Zu Hause in der Kultursteppe

Die Bauern gingen sorgsam mit ihren Feldern um. Auf kleinen Äckern wurden nacheinander unterschiedliche Feldfrüchte angebaut. In manchen Jahren aber lagen die Felder brach. So verhinderte man, dass der Boden zu sehr beansprucht wurde. Als Dünger diente der Mist der Haustiere. Auffallend waren die Hecken, die Äcker und Weiden begrenzten.

Die Hecken verschwinden

Vor etwa 100 Jahren trat eine weitere Veränderung unserer Landschaft ein. Mit der Erfindung von Kunstdünger, Pflanzenschutzmitteln und Maschinen wie Traktor und Mähdrescher verwandelte sich die artenreiche Kultursteppe in eine eintönige, artenarme Landschaft.
Es gab immer weniger Bauern, die immer größere Felder bewirtschafteten. Hecken und Obstbäume verschwanden und so auch der Lebensraum für viele Tiere. Spät merkte man, dass die Hecken in unserer Landschaft ein wichtiger Windschutz sind und dass sie ein Abtragen des fruchtbaren Bodens verhindern. Doch in einigen Regionen ist das Zusammenspiel zwischen Feld, Wiese und Hecke mit ihren Pflanzen und Tieren noch erhalten.

Von Savannen, Prärien und Tundren

Einmal rund um den Globus: Fast überall auf der Erde begegnen uns Graslandschaften. Wo die Temperaturen es zulassen, wachsen Gräser und Kräuter. Die Pflanzen haben sich den unterschiedlichen Lebensbedingungen angepasst und verschiedene Lebensräume ausgebildet. Savanne, Prärie, Tundra – was verbirgt sich dahinter? Welche Tiere sind hier zu Hause?

Heiß ist die Savanne

Die Graslandschaften in der Nähe des Äquators nennt man Savannen. Diese liegen zwischen den tropischen Regenwäldern und den Wüsten. Hier herrscht ein trockenes Klima und die Erde ist sehr wasserarm. Nur in großen Abständen wachsen einzelne Bäume zwischen den Gräsern.
In den Savannen steht das Gras oft so hoch, dass sich zwischen den Halmen Löwen, Geparde oder Warzenschweine verstecken können. Ihr Fell ist zwischen den trockenen braunen Halmen gut getarnt.

Warzenschwein

Endlose Prärie

Die Graslandschaften in Nordamerika und Kanada heißen Prärien. Im Gegensatz zur Savanne wachsen dort keine Bäume. Bis vor etwa 200 Jahren zogen riesige Bisonherden über das Grasland, wie es von den Prärieindianern genannt wurde. Doch die weißen Siedler machten Jagd auf die Herden wegen des Büffelfells und des Fleisches, bis die Tiere fast ausgerottet waren. Damit fehlte auch den Prärieindianern die Lebensgrundlage. Verdrängt von den Zuwanderern, mussten sie in Reservate ziehen.

Heute wird die Prärie teilweise künstlich bewässert, sodass in diesen Gebieten Weizen und Mais angebaut werden kann. Auch in Südamerika erstrecken sich weite Grasflächen, auf denen Rinder gezüchtet werden. Diese Grassteppe nennt man Pampa.

Eiskalte Tundra

Bevor die arktischen Eiswüsten beginnen, stößt man auf die Tundra. Hier wachsen nur niedrige Gräser und Pflanzen, die lange Kälteperioden überstehen können. Neun bis zehn Monate im Jahr liegt dort Schnee, der die Pflanzen vor der schlimmsten Kälte schützt. Sobald er schmilzt, wachsen viele bunte Blumen. Schneeeulen, Polarfüchse, Wölfe und Rentiere finden in der Tundra ein Zuhause.

NA, SO WAS!

Wusstest du, dass . . .

. . . in den Savannen auch Riesenschlangen wie der Python leben?

. . . Buffalo Bill seinen Namen bekam, weil er ein erfolgreicher Bisonjäger war? In Wirklichkeit hieß er William F. Cody.

. . . der Boden in der Tundra im Sommer nur in der obersten Schicht auftaut? Nach 50 cm herrscht Dauerfrost.

Die Natur erwacht – der Frühling ist da! Schon im März lösen sich die ersten Pflanzen aus ihrer Winterstarre: Gänseblümchen und Schlüsselblumen wachsen. Im April brechen viele Knospen auf und werden zu Blättern und Blüten. Der Schlehenbusch ist mit Tausenden weißen Blüten übersät und am Fuß der Hecke schießen Tintlinge aus dem Boden.

Frühlingszauber

Alle Vögel sind schon da

Du kannst den Frühling auch hören, denn die Zugvögel sind jetzt wieder da und erfüllen mit ihrem Gezwitscher die Luft. Sie richten sich nach einem festen Zeitplan. Der Star gehört zu den ersten Vögeln, die schon im März von ihrer langen Reise zurückkehren. Der Neuntöter lässt sich Zeit bis Ende April.

Zeit für den Nestbau

Schon im März ertönt der Gesang der Heckenbraunelle. Das ist ein eher unauffälliger Singvogel, der sich gerne tief im Gebüsch versteckt. Im Frühjahr aber zur Zeit des Nestbaus lässt sich das Tier gut beobachten. Dann fliegen die Vögel mit Nistmaterial im Schnabel in kurzen Abständen immer dieselbe Stelle in der Hecke an. Das Weibchen baut das Nest allein, das Männchen hilft bei der Suche nach Nistmaterial. Nach zwei bis drei Tagen ist das Nest schon fertig. Zwischen April und Juni werden zwei Bruten aufgezogen.

Bau dir eine Pflanzenpresse

Nimm zwei gleich große Bretter. Klebe jeweils auf eine Seite ein dünnes Polster aus Zeitungspapier. Darüber spannst du starkes Packpapier, das du auf der Rückseite der Bretter verklebst. Mit kleinen Schraubzwingen hältst du die Bretter zusammen.
Presse die Blüten von der Frühlingswiese zwischen mehreren Lagen Lösch- oder Zeitungspapier. Nach etwa einer Woche sind die Blüten getrocknet. Jetzt kannst du damit schöne Postkarten basteln.

Spiel der Farben

Im März, wenn das erste Grün sprießt, zeigen sich noch wenige Blüten auf der Wiese. Doch schon bald wird das Weiß und Gelb der ersten Gänseblümchen und Schlüsselblumen durch das Weiß und Violett des Wiesenkerbels und Wiesenschaumkrauts ergänzt. Wenn im Mai das Rot des Sauerampfers und des Rotklees dazukommt, leuchtet die Frühlingswiese in vielen Farben. Im Juni erreicht sie ihre größte Farbenpracht.

Knospenaustrieb in der Hecke

Ganz früh im Jahr beginnt es in der Hecke zu blühen. Noch ist es Februar! Da erscheinen weiße Weidenkätzchen an den Zweigen. Als Knospen haben sie im Winter auf die ersten wärmenden Sonnenstrahlen gewartet. Im März folgen die Blüten von Haselstrauch, Lerchensporn und Scharbockskraut.

Märzblüten

Die männlichen Blüten des Haselstrauchs hängen im März als kleine, längliche Kätzchen an den Zweigen. Der Lerchensporn treibt in diesem Monat Blätter und Blüten aus. Die nötigen Nährstoffe dazu gewinnt er aus hohlen Knollen, die im Boden überwintern.

Auch an den Wurzeln des Scharbockskrautes sitzen Knollen, aus denen die Pflanze Nährstoffvorräte erhält, um die glänzenden, gelben Blüten hervorzubringen. Die Frühblüher sind für Insekten, die überwintert haben, die erste Nahrungsquelle.

Scharbockskraut

Aufbau einer Blüte

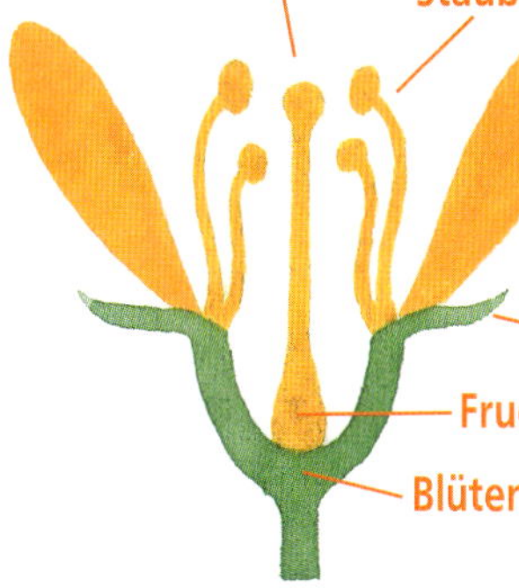

Im späten Frühjahr brechen die Blüten der Heckenrose auf. Man nennt diese Pflanze auch Hagebutte oder Hundsrose. Ihre Blüten sind weiß oder hellrosa und duften sanft nach Himbeeren. Doch bevor die zarte Blüte zu sehen ist, wird sie von den äußeren grünen Blütenhüllblättern gut geschützt. Diese Blätter heißen auch Kelchblätter. Die Blüten der Heckenrose haben fünf Kelchblätter und fünf Kronblätter – das sind die eigentlichen Blütenblätter. In der Mitte der Blüte sitzen 20 bis 100 Staubblätter und die Fruchtblätter. Sie bilden den Blütenstempel, der aus dem Fruchtknoten, dem Griffel und der Narbe besteht. Die Staubblätter tragen den männlichen Pollen und der Fruchtknoten beherbergt die weibliche Eizelle.

Bestäubung

Der Fruchtknoten wächst.

Fruchtknoten

So wird die Blüte befruchtet

Blüten sind eine wichtige Nahrungsquelle für Bienen, Hummeln und Schmetterlinge. Das Insekt streift an der Narbe vorbei, an der einige Pollenkörnchen hängen bleiben, die es von seinem vorherigen Besuch einer gleichartigen Blüte mitgebracht hat.
Auch der Wind trägt die Pollen zur Narbe einer anderen Blüte und bestäubt sie so. Auf der Narbe beginnen die Pollenkörnchen, zu keimen und kleine Pollenschläuche zu bilden. Diese wachsen auf die Eizelle im Fruchtknoten zu. Wenn der Inhalt des Pollenschlauchs mit der Eizelle verschmolzen ist, kann sich aus dem Fruchtknoten die Frucht der Pflanze entwickeln. Die Blütenblätter sterben ab.

Lass Zweige blühen

Noch im Winter kannst du Zweige von Hasel, Kirsche, Forsythie, Ginster oder Schlehe allein durch die Zimmertemperatur in der Wohnung zum Blühen bringen. Hole dir nach dem ersten Frost einige Zweige ins Haus.

Schneide die Stielenden mehrmals ein und schäle an dieser Stelle ein wenig Rinde ab. Wenn du einen Esslöffel Zucker ins Wasser gibst, halten sich die Zweige länger.

Am 4. Dezember – dem Barbaratag – stellen viele Menschen Zweige auf. Diese Barbarazweige blühen dann an den Weihnachtstagen.

Was für ein bunter Blütenteppich! Im Sommer blühen die Wiesenkräuter in allen Farben. Schmetterlinge und Käfer schwärmen herbei. Die warme Luft ist erfüllt vom Duft der Gräser und Kräuter. Überall summt und brummt es, denn die Bienen und Hummeln sind auf Futtersuche für ihre Brut. Heuschrecken zirpen und schrillen und übertönen die Blütenbesucher.

Farbenfroher Sommer

Buntes Blütenmeer

Unsere Wiesen bestehen hauptsächlich aus Gräsern. Doch zwischen den Halmen wachsen Kräuter, die im Sommer prächtig blühen. Diese Blüten locken Insekten an, die die Pflanzen befruchten sollen. Die Farben und Formen der Blumen sind für Insekten besonders attraktiv.

Sie sind Wegweiser zu dem süßen Nektar.

Bei Fliegen und Weichkäfern sind Doldenblüten, wie die Wilde Möhre und die Schafgarbe, besonders beliebt. Sie bieten viel Platz zum Landen und der Nektar lässt sich ganz leicht aus den vielen kleinen Blüten lecken. Um an den süßen Saft der Lippenblüten des Wiesensalbeis zu kommen, braucht man einen langen Rüssel.

Es liegt was in der Luft

Gräser haben keine auffälligen Blüten. Nur an wenigen Tagen im Jahr hängen die Staubbeutel weit aus den unscheinbaren Ährchen heraus, um ihre Pollen dem Wind zu übergeben. Der Blütenstaub wird vom Wind über große Strecken verteilt und sorgt so für die Befruchtung der Gräser. Leider findet der Pollen auch seinen Weg in Heuschnupfen-Nasen und löst heftige Niesattacken aus.

NA, SO WAS!

Wusstest du, dass . . .

. . . in einem Gramm Pollen etwa dreihundert Millionen (300.000.000) Pollenkörner stecken?

. . . auf einem Stecknadelkopf etwa 5.000 bis 10.000 einzelne Pollenkörner Platz finden?

. . . der Klettverschluss sein Vorbild in der Natur hat? Sein Erfinder hat nämlich Pflanzenteile untersucht.

Salbei-Bestäuber

Drück einen Grashalm in den Blütenschlund einer Salbeiblüte. Die Staubblätter, die vorher kaum sichtbar waren, klappen nach unten. Hätte eine Biene ihren Rüssel in die Blüte gesteckt, wäre der Pollen auf ihrem behaarten Hinterteil gelandet.

Flugsamen

Sommerspaziergang mit Wollsocken

Manche Samen sind besonders anhänglich und heften sich an das Fell und Gefieder von Tieren, die sie dann über große Strecken mitnehmen. Zieh dir ein paar dicke Wollsocken an und lauf damit im Sommer über eine Wiese. Am Ende deines Spaziergangs sind die Socken voller Pflanzenteile, die sich in der Wolle verhakt haben. Sammle sie vorsichtig ab und säe sie in einen Blumentopf. Bald hast du eine Miniwiese.

Helfer gesucht!

Im Sommer werden die Samen der Pflanzen reif. Sie können am besten wachsen, wenn sie ein Stückchen entfernt von ihrer Mutterpflanze aufkeimen, denn sonst konkurrieren beide um Nahrung und Licht. Auch hier lassen sich die Pflanzen vom Wind und von Tieren helfen. Wiesen-Pippau und Löwenzahn haben an ihren Samen kleine Flugvorrichtungen und lassen sie vom Wind verbreiten. Andere Arten wie die Wilde Möhre und Klette haben Früchte mit kleinen Häkchen. Sie bleiben am Gefieder oder im Fell von Tieren hängen und werden über weite Strecken transportiert.

Klettenblüte

Löwenzahn, ein Überlebenskünstler

Kuhblume, Pusteblume, Wiesenlattich, Hundeblume – mit all diesen Namen ist derselbe Überlebenskünstler gemeint: der Löwenzahn. Er ist auf allen Wiesen und Feldern auf der Nordhalbkugel der Erde verbreitet. Diese Pflanze ist so anspruchslos und anpassungsfähig, dass sie auch in kargen Böden oder sogar zwischen Asphaltplatten gedeihen kann.

Sonnenhungrige Blüten

Der Löwenzahn ist eine krautige Pflanze. Ihre gezackten Blätter wachsen wie eine Rosette direkt am Boden. Auf dem Stängel sitzen viele kleine gelbe Zungenblüten, die wie ein großer Blütenkorb aussehen. Nur bei ausreichend Sonnenlicht ist er geöffnet.

Tief verwurzelt

Seine große Überlebenskraft verdankt der Löwenzahn seiner langen Pfahlwurzel. Kannst du dir vorstellen, dass sie bis zu einem halben Meter in die Erde hinreicht? So findet der Löwenzahn auch bei großer Hitze immer noch genügend Feuchtigkeit.

Schirmflieger unterwegs

Nach wenigen Tagen sind die gelben Zungenblüten vertrocknet. Aus ihnen entwickelt sich der Samen des Löwenzahns. Jeder Samen hängt an einem dünnen Fädchen, an dessen Ende ein Kranz weißer Härchen sitzt.

Wenn der Samen reif ist, löst ihn der Wind vom Korb und trägt ihn wie einen Schirmflieger davon. Viele Kinder nennen den Löwenzahn auch Pusteblume!

Wiesenküche

Probiere mit einem Erwachsenen diese leckeren Löwenzahn-Rezepte aus. Achte unbedingt darauf, dass dir kein Pflanzensaft hineingerät, denn der ist unbekömmlich.

Löwenzahn-Honig

Schüttle 200 g Löwenzahnblüten gut aus, damit kleine Käfer und Insekten herausfallen können. Spül die Blüten im Sieb mit Wasser ab, und koche alles 30 Minuten lang in einem Liter Wasser. Gib nach 15 Minuten ein Kilo Zucker und vier Esslöffel Zitronensaft dazu. Wenn der Löwenzahn-Honig geliert, fülle ihn noch heiß in saubere Gläser und verschließe diese gleich.

Frühlingssalat

Junge Löwenzahnblätter findest du im Garten oder im Gemüsefachgeschäft. Wasche die Blätter sehr gründlich ab und schneide sie in mundgerechte Stücke. Wasche auch den Blattsalat, die Kirschtomaten und Radieschen und bereite daraus einen Salat zu. Den Löwenzahn mischst du unter. Jetzt fehlen nur noch Essig, Öl, Salz und Pfeffer. Guten Appetit!

Im Herbst und Winter

Herbstwind fegt durch die Gräser, verlassen sind die Wiesen. Wo sind die vielen Tiere geblieben, die sich auf der Sommerwiese tummelten? Zugvögel wie die Lerche machen sich auf in den Süden. Andere Tiere verkriechen sich in den frostfreien Boden oder in den Schutz einer Hecke. Viele Insekten sterben am Ende des Sommers. Nur ihre Eier oder Larven überwintern.

Beerenschmaus

Im Herbst hängen die Hecken voller Früchte. Damit stärken sich die Vögel für ihren Flug in den Süden oder für den Winter. Viele Vögel ernähren sich bevorzugt von einer Beerensorte. So gibt es keinen Futterstreit. Einige Singdrosseln bleiben auch im Winter bei uns oder kommen früh aus ihrem Winterquartier zurück. Sie fressen am liebsten Hagebutte und Weißdorn.

Heckenküche

Brombeeren

Holunder

Vorsicht! Viele Heckenbeeren sind für uns Menschen nicht genießbar. Doch Brombeeren und Holunder sind leicht zu erkennen.

Bromolunder-Marmelade

Pflücke 500 g der Beeren. Du musst sie gut waschen und abtropfen lassen. Dann zerkleinere die Früchte in einem Mixer und gib 500 g Gelierzucker dazu. Koche die Marmelade nach der Packungsvorschrift und fülle sie noch heiß in Gläser. Besonders gut schmeckt sie, wenn du etwas Zimt und Nelkenpulver mitkochst.

Gut eingegraben

Wenn es kalt wird, suchen die Grasfrösche Schutz in kleinen Tümpeln oder Bächen. Im Schlamm vergraben, fallen sie in tiefen Schlaf. Sie atmen nicht mehr durch die Nase, sondern durch die Haut.

Die Maulwurfsgrille zieht sich tiefer in die Erde zurück. Die meisten Käfer und Schmetterlinge leben nur bis zum Herbst. Ihre Eier, Larven und Raupen überwintern zum Teil im Boden oder in der Hecke.

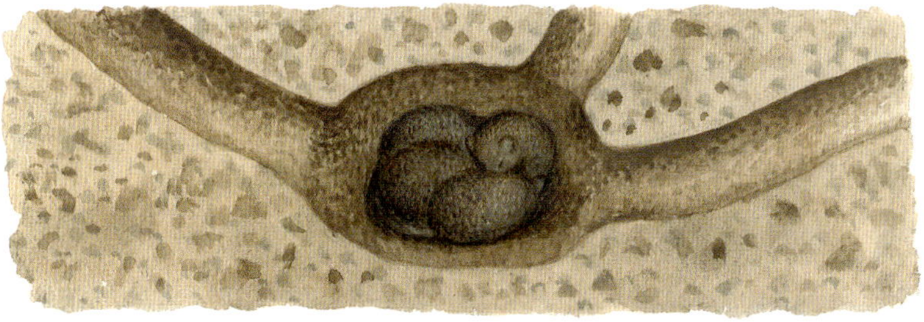

Der Regenwurm wartet zusammengerollt in tieferen Bodenschichten auf das Frühjahr.

Erstarren, verschlafen, kuscheln

Der Zitronenfalter gehört zu den wenigen Schmetterlingen, die den Winter überleben. Er hält sich an einem Zweig fest und verfällt in Winterstarre. Man sieht ihn kaum, weil er aussieht wie ein gelbes Blatt. Marienkäfer versammeln sich, um den Winter gemeinsam zu verschlafen. Auch der Igel hält in der Hecke Winterschlaf. Mäuse aber bleiben wach. Die Feldmäuse sammeln im Herbst Vorräte und polstern ihr Nest mit trockenem Gras aus. Aneinandergekuschelt wärmen sie sich gegenseitig. Sie unternehmen nur kurze Ausflüge in die Winterlandschaft.

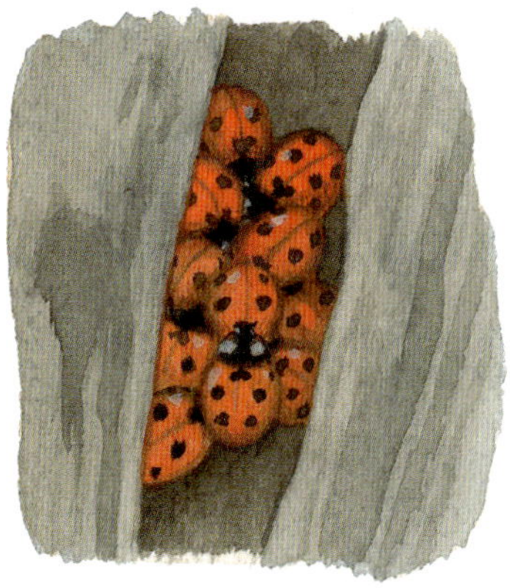

Nur die Königin überwintert

Wespen und Hummeln leben den Sommer über in einem Staat. Die Arbeiterinnen bauen das Nest, versorgen die Brut oder fliegen auf Futtersuche. Die wenigen Männchen befruchten die Königinnen. Im Herbst sterben alle Männchen und Arbeiterinnen. Nur die Königinnen überleben den Winter. Sie verkriechen sich unter Rinde oder Moos und gründen im Frühling einen neuen Staat.

Wo ist nur ein trockenes Plätzchen? Im Herbst sucht sich der Igel eine passende Stelle für den Winterschlaf. Damit er die kalte Jahreszeit übersteht, frisst er sich im Sommer eine dicke Fettschicht an. Davon zehrt er während des Winterschlafs. Manchmal aber erwacht der Igel, weil es so eisig kalt ist. Dann trippelt er umher, frisst ein bisschen und schläft wieder ein.

Gut versteckt im Schlaf

Um der strengen Winterkälte zu entgehen, braucht der Igel einen geschützten Ort. Dort muss er es möglichst warm haben. Auch vor seinen Feinden muss ihn sein Winterversteck gut verbergen. Deshalb kuschelt sich der Igel zum Winterschlaf gern in einen Reisighaufen tief in der Hecke. Oder er polstert Hohlräume zwischen den Wurzeln alter Bäume mit Blättern, Stroh oder Heu aus.

Schlaf gut, kleiner Igel!

Panzerknacker

Im Sommer ist der Igel die meiste Zeit auf Nahrungssuche. Neben der Aufzucht seiner Jungen muss er sich ein dickes Fettpolster anfressen, damit er im langen Winter nicht verhungert. Auf der Suche nach Insekten, Tausendfüßern, Spinnen, Regenwürmern, Schnecken und Asseln durchstöbert er immer wieder die Hecke. Er ist meist im Dunkeln und in der Dämmerung unterwegs, denn er ist ein nachtaktives Tier.

Das Igelgebiss sieht aus wie eine kleine Säge. Mit seinen scharfen und spitzen Zähnen kann der Igel den harten Panzer der Insekten leicht knacken.

Hilfe für schwache Igel

Igel, die erst spät im Jahr geboren wurden, die krank sind oder die sich nicht genügend Winterspeck angefressen haben, können die kalte Jahreszeit kaum überleben. Wenn man im November einen schwachen Igel findet, sollte man sich an den nächsten Tierschutzverein oder an ein Tierheim wenden. In vielen Gegenden gibt es auch Igel-Beratungsstellen. Dort hilft man dem Igel über den Winter. Dazu braucht man sehr viel Erfahrung. Deshalb sollte man nur in Ausnahmefällen einen Igel zum Überwintern ins eigene Haus holen. Merke dir, wo du den Igel gefunden hast, denn dort sollte er auch wieder ausgewildert werden. Igel haben ein hervorragendes Ortsgedächtnis!

Tipps für Igelfreunde

Willst du dem Igel helfen, den langen Winter zu überleben? Dann kannst du Folgendes tun:

Biete dem Igel im Herbst zusätzliches Futter an. Dazu eignet sich Katzendosenfutter. Achte darauf, dass der Futterteller trocken steht, und reinige ihn jeden Tag gründlich, damit der Igel nicht krank wird.

Sorge auch in eurem Garten für Unterschlupfmöglichkeiten. Räumt zum Beispiel alte Reisighaufen nicht weg.
Oder lehne an die Gartenhütte ein Brett; die entstandene Nische kannst du mit viel Nistmaterial auffüllen.

Störe einen Igel niemals beim Winterschlaf. Das Aufwachen kostet ihn viel Energie!

Im Schutz der Hecke

Was raschelt in der Hecke? In ihrem sicheren Versteck zieht die Igelmutter ihre Jungen auf. Manche Tiere kommen nur zum Fressen hierher, andere verstecken sich im Gestrüpp vor Feinden. In der offenen Kulturlandschaft bietet die Hecke vielen Tieren Schutz. Sie ist ein Bindeglied zu anderen Lebensräumen wie Wiesen und Felder.

Frühling

Sommer

Ein Miniwald

Wie der Wald ist die Hecke in Stockwerke eingeteilt. Auf der Bodenschicht wachsen Moose, Pilze und Flechten. Die Krautschicht wird von Gräsern und Kräutern gebildet. Kleinere Holzgewächse wie Brombeere, Heckenrose und Schlehe bilden die Strauchschicht. Bäume, die höher als fünf Meter wachsen, wie Holunder oder Eberesche, gehören zur Baumschicht. Niederhecken bestehen aus ein bis zwei Meter hohen Sträuchern. Sie haben ein sehr dichtes Buschwerk und werden regelmäßig geschnitten. Ein Feldgehölz ist eine inselförmige Heckenfläche im freien Feld. Eine Hochhecke besteht aus verschieden hohen Sträuchern mit großen Bäumen in der Mitte. Sie heißt auch Baumhecke.

Hecken gibt es auf Wiesen, aber auch im Wald.

Herbst

Winter

Frühlingssonne – Schneegestöber

Im Frühling ist es in der Hecke sonniger als im Wald. Frühblüher wie Lerchensporn und Scharbockskraut sprießen und locken Insekten an. Haselstrauch und Weide liefern Pollen und sind so eine wichtige Futterquelle für Bienen, die über den Winter ihre Vorräte verbraucht haben.
Im Sommer ist die Hecke Kinderstube für viele Vögel. Raupen fressen sich an den Blättern satt und Insekten umschwirren die Blüten der Sträucher.
Im Herbst gibt es Beeren, Früchte und Samen im Überfluss. Wühlmäuse sammeln Haselnüsse für ihren Wintervorrat. Im Winter bietet die Hecke Winterschläfern einen sicheren Unterschlupf. Oft sind die letzten Beeren das einzige Futter in der schneebedeckten Landschaft.

Für jeden ist ein Plätzchen da

Als Wohn- und Schlafplatz wird die Hecke von Hermelin und Erdkröte aufgesucht. Die Zauneidechse legt hier ihre Eier ab. Der Igel zieht seine Jungen auf. Schnecken und Raupen finden frisches Grün. Auch der Neuntöter kommt zum Fressen. Im Sommer jagt er in der Hecke Insekten. Der Feldhase nutzt die Hecke als Einstandplatz. Wenn er sich bedroht fühlt, flüchtet er in die Sträucher. Andere Tiere suchen in der Hecke Schutz vor Sturm, Regen und Hitze. Turmfalke und Eule spähen von einem Ansitz in hohen Bäumen nach Beute aus. Viele Vogelmännchen lassen von einem erhöhten Punkt, der Singwarte, ihr Lied erklingen. Igel, Erdkröte, Zauneidechse, Schnecken und Lehmwespe nutzen die Hecke als Winterquartier.

Wohn- und Schlafplatz

Nistplatz

Nahrungsstätte

Einstandplatz

Ansitz und Singwarte

Winterquartier

Goldammer und Mauswiesel

So ein Bärenhunger! Flink huschen Mauswiesel und Goldammer über Wiesen und Felder auf der Suche nach Nahrung. In der offenen Landschaft fressen sie am liebsten. Bei Gefahr aber flüchten sie in die Hecke. Diese nutzen sie auch als Wohn- und Nistplatz. Deshalb findet man die Tiere nur in Lebensräumen mit Wiesen, Feldern und Hecken.

Goldköpfchen

Kopf und Brust des Goldammermännchens sind leuchtend zitronengelb. Das Weibchen ist weniger auffällig gefärbt. Trotzdem hat es den Namen Goldammer verdient. Der Bürzel ist rotbraun, und Rücken und Flügel sind braun gestreift. Das Männchen singt den ganzen Sommer von einer Warte in der Hecke sein einfaches Lied. Es besteht aus einer Reihe ähnlicher Töne mit einem lang ausgehaltenen Ton am Schluss der Strophe.
Von April bis Juni ist Brutzeit. Gemeinsam ziehen die Eltern in ihrem napfförmigen Nest am Boden vier bis fünf Junge auf. Diese Vögel fressen hauptsächlich Samenkörner, jagen aber auch Insekten und naschen Beeren.

Weibchen

Männchen

Kleiner Wiesel wuselt

Das Mauswiesel ist das kleinste Wiesel Europas. Als Marder ist es verwandt mit Hermelin, Iltis, Stein- und Baummarder. Nachts wuselt das Wiesel umher. Weil es so klein ist, schlüpft es zum Jagen sogar in den Mäusebau.
Bevor sich im Mittelalter die Katzen in Europa ausbreiteten, war das Mauswiesel Rattenfänger und Mäusejäger – bis hinein in die Häuser der Menschen.

Als Untermieter bei den Mäusen

Sein Versteck hat das kleine Raubtier im Gestrüpp der Hecke unter Wurzeln, in einem hohlen Baumstamm oder unter einem Steinhaufen. Besonders gern nistet es sich in den unterirdischen Bauen von Mäusen und Wühlern ein. Dort kann es ungestört seinen Nachwuchs aufziehen. Das Nest polstert es mit Haaren und Federn aus. Die Jungen sind graubraun und haben einen gelblichen Bauch. Schon nach vier bis fünf Wochen lernen sie von ihrer Mutter das Jagen.
Das Wiesel gräbt seinen Unterschlupf nicht selbst. Ist ein Bau unbrauchbar geworden, zieht es einfach in eine andere Wohnung um.

Mauswiesel

Hermelin mit Sommerfell

Hermelin mit Winterfell

SCHON GEWUSST?

Das Mauswiesel und der Hermelin sehen sich sehr ähnlich und haben eine ähnliche Lebensweise. Doch es gibt Unterschiede:

	Mauswiesel	Hermelin
Körperlänge	12–24 cm	23–29 cm
Schwanzlänge	4–7 cm	8–9 cm
Schwanzspitze	nie schwarz	immer schwarz
Winterfell	selten weiß	immer weiß mit schwarzer Schwanzspitze

Welt der Wiesentiere

Wer huscht da durch das Gras? Hauptsächlich kleine Tiere wie Mäuse und Insekten verbringen ihr ganzes Leben auf der Wiese. Sie verstecken sich gut getarnt zwischen den Grashalmen. Viele Tiere gehen auf den Wiesen und Feldern nur auf Nahrungssuche. Sie brauchen den Schutz einer Hecke, um ihre Jungen aufzuziehen, oder haben dort ein Versteck oder einen Schlafplatz.

In Hecken verstecken

Das Braunkehlchen frisst gern Insekten und Spinnen. Es jagt auf der Wiese, denn hier ist das Nahrungsangebot groß. Trotzdem findet man das Braunkehlchen nicht auf vielen Wiesen. Warum? Dieser Vogel baut sein Nest am Boden. Und das ist gefährlich. Denn Krähen und Elstern rauben die Bodennester aus, wenn sie sie finden. Also muss das Braunkehlchen sein Nest mit den Jungen unter einem Busch verstecken. Daher ist es nur auf Wiesen, an deren Rand Hecken wachsen, anzutreffen.

Tarnen und täuschen

Das Rebhuhn baut sein Nest am Boden im Schutz von Gräsern oder in dichten Feldern. Fliegt ein Nesträuber vorbei, duckt sich die Henne flach auf die Eier. Mit ihrem braun gesprenkelten Gefieder ist sie gut getarnt vor räuberischen Krähen.

Nur das Weibchen brütet. Der Hahn bleibt immer in ihrer Nähe. Droht Gefahr, entfernt er sich vom Nest. Dabei gibt er vor, verletzt zu sein, und lockt so Räuber von seiner Familie weg.

Warum der Hamster hamstert

Der Feldhamster sammelt Samen und Körner. Aber er verzehrt kein Körnchen da, wo er es findet. Denn es ist gefährlich, in der offenen Landschaft zu schmausen!

Schnell stopft er sich die Backentaschen voll und eilt zu seinem Bau.
Viele Tiere fressen ihre Nahrung nur in einem Versteck – geschützt vor Feinden oder Dieben. Beim Hamster hat sich dieses Verhalten zu einem Sammeltrieb verstärkt. Er geht schon wieder auf Nahrungssuche, bevor die letzte Mahlzeit aufgefressen ist. So legt er Wintervorräte an.

SCHON GEWUSST?

Wusstest du, dass …

Feldhamster …

… bis zu 60 kg Vorräte ansammeln können?

… nach nur 20 Tagen Tragzeit bis zu zehn Jungen werfen?

… bis zu zehn Jahre alt werden können?

Erntemäuse …

… nur etwa fünf Gramm schwer werden? Die Jungen wiegen bei der Geburt nur ein Gramm!

… so stabile Nester haben, dass sie auch bei starken Stürmen nicht kaputtgehen.

Akrobat zwischen den Halmen

Die Erntemaus baut ein kunstvolles Kugelnest hoch oben in die Halme von Gräsern und Getreide. Es ist Schlafplatz und Kinderwiege. Das Nest schützt die Winzlinge vor Raubtieren. Nur so können sie auf der Wiese überleben. Wie ein Mini-Affe klettert die Erntemaus an den Halmen empor. Mit dem Greifschwanz sichert sie sich ab. Um das Nest zu bauen, hält sich die Erntemaus nur mit den Hinterbeinen und dem Schwanz fest.
Mit den Zähnen und Vorderfüßen flicht sie ihre Unterkunft.

Großer Hase, kleines Kaninchen

Hase oder Kaninchen, das ist doch egal, oder? Viele kennen den Unterschied zwischen den beiden Tieren nicht. Oft werden die Hauskaninchen Stallhasen genannt. Und viele Kinder wünschen sich ein kuscheliges »Häschen«! Doch unsere Haustiere sind alle Kaninchen. Der Hase sieht dem Kaninchen zwar ähnlich, aber er unterscheidet sich von ihm in seiner Lebensweise.

Lange Ohren, lange Beine

Der Feldhase hat besonders lange Ohren, sie werden Löffel genannt. Versteckt sich der Hase im Gras, legt er die Ohren flach an den Körper an. Die Hinterbeine sind länger als die Vorderbeine. Der Hase ist ein Einzelgänger.

Im Frühling kämpfen die Männchen um die Gunst der Weibchen. Sie hetzen über die Wiese oder kämpfen gegeneinander. Dabei richten sie sich auf den Hinterbeinen auf und schlagen sich mit den Vorderpfoten.

SCHON GEWUSST?

	Wildkaninchen	Feldhase
Gewicht	2 kg	3–4 kg
Länge	45 cm	60 cm
Geburt	fast nackt und blind	warmes Fell und offene Augen
Höchstgeschwindigkeit	38 km/h	70 km/h
Zusammenleben	Familienverband	Einzelgänger

Auf der Flucht

Der Hase flüchtet in großen Sprüngen. Durch Hakenschlagen in einer Zickzacklinie schüttelt er seine Verfolger ab. Bei Aufregung trommelt der Hase mit den Vorderfüßen.

Das Kaninchen dagegen macht keine Sprünge, sondern flitzt davon. Es trommelt mit den Hinterläufen, um seine Sippe zu warnen.

Kurze Ohren, kurze Beine

Das Kaninchen hat kürzere Ohren und Beine. Die Ohren stehen immer aufrecht. Die Hinterbeine sind etwa genauso lang wie die Vorderbeine. Kaninchen leben in großen Gruppen. Jede Sippe besitzt einen unterirdischen Bau, der sich in zahlreiche Wohnröhren verzweigt. Die Ein- und Ausgänge sind meist unter Sträuchern versteckt.

Nestflüchter

Der Feldhase geht auf Feldern und Wiesen auf Nahrungssuche. Er mag frisches Blattgrün, Pilze, Beeren und Früchte. Auf der Wiese schläft der Hase gut getarnt in Bodenmulden, die Sassen genannt werden. Dort bringt er auch seine Jungen zur Welt. Die Häschen werden mit offenen Augen geboren und sind schnell selbstständig. Sie sind Nestflüchter.

Nesthocker

Kaninchen mögen Gräser und Kräuter. Sie fressen aber auch Knospen, Rinde, Pilze und Beeren. Einen Eingang zum Bau kann man leicht erkennen, denn das Gras davor ist ratzeputz weggefressen.

Im Frühling legen die Kaninchen einen besonderen Bau an, in dem die Jungen aufgezogen werden. Diese kommen blind zur Welt und bleiben etwa vier Wochen im Bau. Erst dann sind sie selbstständig und verlassen das Nest.

Auch unter der Wiese regt sich Leben. Millionen unsichtbare Bakterien und Pilze tragen zur Bodenfruchtbarkeit bei, indem sie abgestorbene Pflanzenreste abbauen. Bodenmilben, Springschwänze, Insektenlarven und Regenwürmer arbeiten sich auf der Suche nach Nahrung durch die Erde. Viele dieser Leckerbissen werden von Feldspitzmaus und Maulwurf gejagt.

Unter der Wiese

Geheimes Leben im Boden

Der Boden ist die Verankerung für alle Wiesenpflanzen. Sie entziehen ihm Feuchtigkeit und Nährsalze. Dabei teilen sich die Pflanzen den Raum auf. Gräser und Ehrenpreis haben ihre Wurzeln dicht unter der Oberfläche. Klee und Schafgarbe schicken ihr verzweigtes Wurzelwerk bis in tiefe Bodenschichten.
Im Winter ist der Boden Rückzugsort für überwinternde Tiere wie Schnecken und Insekten.

Wühlender Wurzelfresser

Die Schermaus baut dicht unter der Oberfläche ihre weitverzweigten Gänge. Dabei beißt sie die Wurzeln der Wiesenpflanzen, die im Weg sind, einfach ab. Durch diese Wühlarbeit kann der kleine Nager sehr schädlich sein. Denn selbst Bäume werden durch den Wurzelfraß vernichtet. Die Schermaus zieht ihre Jungen in einem unterirdischen Nest auf. In einer Vorratskammer sammelt sie Feldfrüchte, Gräser, Kräuter und Wurzeln.

Regenwurm unterwegs

Regenwürmer ziehen Pflanzenreste in ihre unterirdischen Gänge und vertilgen sie. Sie durchlüften den Boden und sind an der Humusbildung beteiligt. Manchmal geraten sie auch in Maulwurfsgänge und werden vom Maulwurf gejagt. Häufig bewahrt der seine Beute in einer Vorratskammer auf, um sie später zu verzehren.

NA, SO WAS!

Wusstest du, dass Spitzmäuse . . .

. . . keine Nagetiere, sondern Insektenfresser sind?

. . . zu den kleinsten Säugetieren der Erde gehören? Die Etrusker-Spitzmaus wiegt weniger als ein Stück Würfelzucker!

. . . täglich mehr als das Doppelte ihres eigenen Körpergewichtes an Nahrung aufnehmen müssen?

. . . aus Stinkdrüsen einen unangenehmen Geruch verströmen, sodass Katzen sie nicht fressen mögen?

Eins, zwei, drei – im Mäuse-Marsch

Auch Feldspitzmäuse mögen Regenwürmer.
Sie stibitzen einfach einen Leckerbissen aus dem Maulwurfsbau. Spitzmäuse sind immer hungrig. Sie fressen Massen an Insekten und vertilgen auch Aas. Daher sind sie für die Landwirtschaft nützlich. Bei Gefahr beißt sich ein Junges am Schwanz der Mutter fest. Die Geschwister wiederum packen die Schwanzwurzel ihres Vorgängers. So entsteht eine Kette und die Mutter führt ihre Jungen aus der Gefahrenzone.

Jeder kennt die lockeren Erdhügel auf den Wiesen und weiß: Hier war der Maulwurf am Werk. Wie aber entstehen diese Hügel genau? Warum und wie verbringt der Maulwurf sein Leben unter der Erde? Die Antworten auf diese Fragen erklären das merkwürdige Aussehen des kleinen Wühlers, denn der Maulwurf ist bestens an ein Leben im Boden angepasst.

Scharfe Krallen, weicher Pelz

Die Vorderbeine des Maulwurfs stehen seitlich ab und sind zu Grabschaufeln mit scharfen Krallen ausgebildet. Tatsächlich sehen sie fast wie Baggerschaufeln aus. Die Haare des schwarzen, samtigen Pelzes haben keinen Strich. Das bedeutet, dass man sie in jede Richtung kämmen kann. Die Augen sind klein und im Fell verborgen. Der Maulwurf hat eine lange, knorpelige Rüsselschnauze und spitze, scharfe Zähne. Die Ohren sind mit Hautfalten verschließbar.

Wo der Maulwurf wühlt

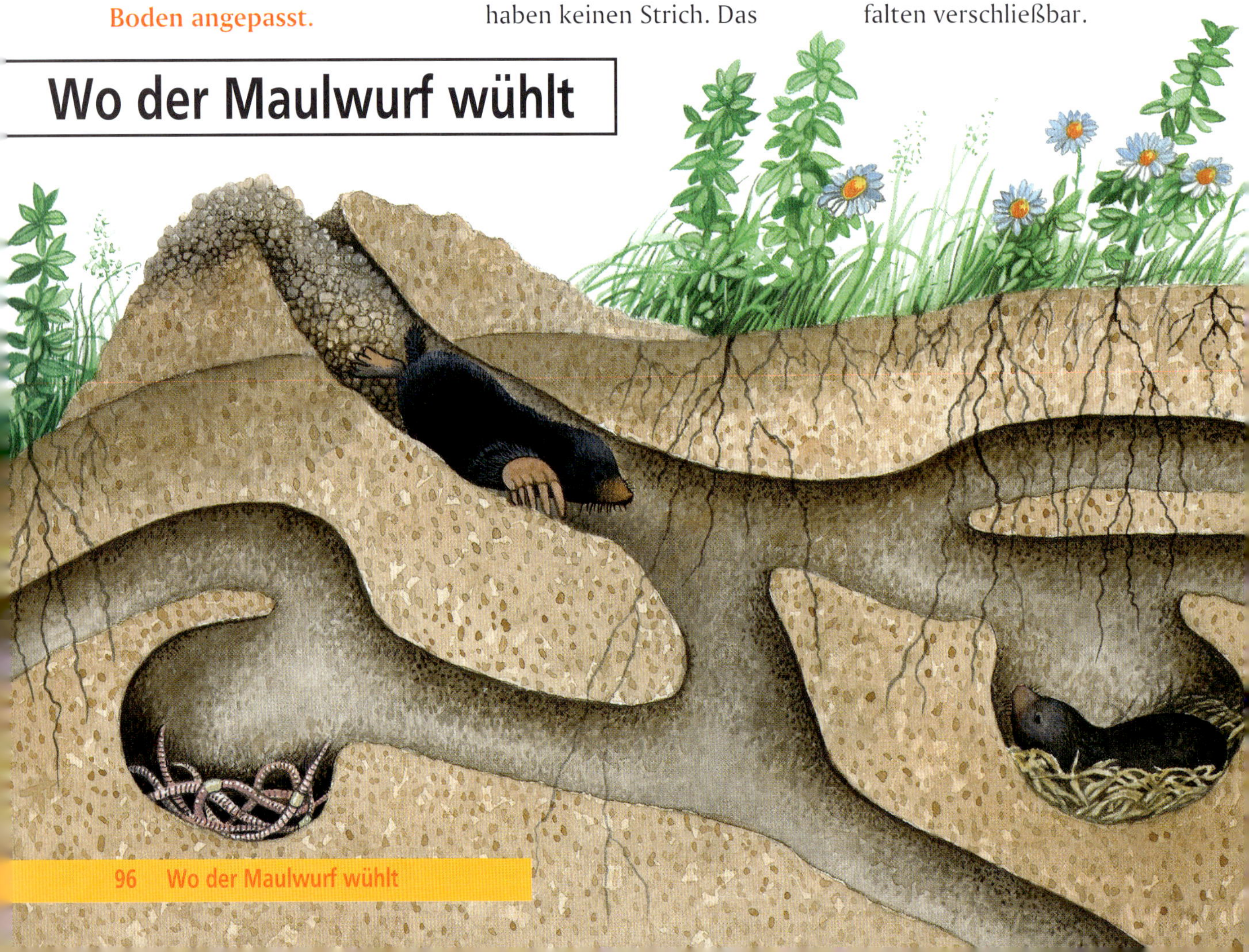

Geschickte Wühlarbeit

Maulwürfe graben Gänge, weil sie im Wiesenboden ihre Lieblingsspeise finden. Sie fressen Regenwürmer und Insektenlarven. Außerdem sind sie unter der Erde vor ihren Feinden wie den Turmfalken geschützt. Maulwürfe legen auch eine Wohnhöhle und Vorratskammern an. Mit den Vorderbeinen schaufelt der Wühler die Erde beiseite. Dabei durchtrennt er mit den Krallen störende Wurzeln. Mit dem Rücken drückt er die Erde in den Gängen fest. Einen Teil der aufgelockerten Erde schiebt der Maulwurf mit den Hinterbeinen nach hinten und stößt sie ab und zu nach oben. So entstehen die Hügel. In den engen Gängen kann der Maulwurf nicht wenden, deshalb ist es wichtig, dass sich seine Haare beim Rückwärtskrabbeln nicht »gegen den Strich« stellen.

Tasten durch die Dunkelheit

Unter der Erde gibt es kaum Licht, daher ist es nicht verwunderlich, dass der Maulwurf sehr schlecht sieht. Rüssel, Pfoten und Schwanz sind mit empfindlichen Fühlhaaren ausgestattet. So kann der Maulwurf seine Umgebung ertasten. Sein guter Geruchssinn hilft ihm beim Aufspüren von Beutetieren. Fängt er mehr Regenwürmer, als er fressen mag, lähmt er sie durch einen Biss in den Kopf. Die Würmer sind dann nicht tot, können aber nicht mehr wegkriechen. So bleiben sie in der Vorratskammer lange frisch.

SCHON GEWUSST?

Was bedeutet Konvergenz?

Der Maulwurf und die Maufwurfsgrille sind konvergente Tiere. Doch der Maulwurf ist ein Säugetier und die Maulwurfsgrille ein Insekt. Aber weil sie beide unter der Erde leben, sehen sie sich in vielen Dingen ähnlich. Beide haben einen walzenförmigen Körper und Grabschaufelbeine. Diese Übereinstimmungen nennt man Konvergenz.

Versteckt im Gras

Kennst du die Wiesenstockwerke? Am Boden tummeln sich Laufkäfer, Bodenwanzen, Ameisen und Schnecken. Im Geäst der Kräuter und Gräser saugen Blattläuse und Zikaden Pflanzensäfte, Raupen und Blattkäfer knabbern frisches Grün. Auch ihre Feinde – Marienkäfer und Spinnen – leben hier. Ganz oben, im Blütenhorizont, schwirren Insekten.

Schaumnester

Auf vielen Wiesen entdeckt man im Frühling kleine schaumige Flocken, die wie Speichel aussehen. Der sogenannte Kuckucksspeichel hat aber mit Spucke nichts zu tun.
Es sind die Schaumnester der Wiesenschaumzikade. Ihre Larven saugen Pflanzensaft. Um sich vor Feinden und dem Austrocknen zu schützen, scheiden sie den klebrigen Schaum aus und verbergen sich darin.

Die erwachsenen Tiere brauchen kein Schaumnest, denn sie können sich mit großen Sprüngen vor ihren Feinden in Sicherheit bringen. Außerdem haben sie für die meisten Vögel einen üblen Geschmack, sodass sie wieder ausgespuckt werden.

Schaumnest

Leckere Blattläuse

Blattläuse fressen keine Pflanzenteile, sondern stechen mit ihrem Saugrüssel Pflanzen an und saugen ihren Saft aus. Dadurch werden die Pflanzen geschädigt. Bei starkem Blattlausbefall verkümmern die Triebe oder sterben sogar ab.

Aber die Läuse haben einen natürlichen Feind: den Marienkäfer. Der kleine Krabbler packt die Blattlaus mit seinen Mundwerkzeugen und verspeist sie. Noch gefräßiger sind die Larven des Marienkäfers. Die Weibchen legen im Frühjahr ihre Eier in die Nähe von Blattlauskolonien. Schlüpfen daraus die schwarzgrauen, rot gepunkteten Larven, haben sie es nicht weit zu ihrer Lieblingsspeise.

NA, SO WAS!

Wusstest du, dass Marienkäfer gezüchtet werden, um sie im Obstbau einzusetzen? Die Marienkäfer und ihre Larven fressen Blattläuse und sorgen dafür, dass sie sich nicht zu stark vermehren. So kann der Landwirt auf giftige Spritzmittel verzichten.

Prachtvolle Netze

Nach kühlen Spätsommernächten schimmern morgens prachtvolle, taubenetzte Gebilde zwischen Kräutern und Stängeln: die Netze der Radspinnen. Zu ihnen gehört die Gartenkreuzspinne. In ihrem Netz fängt sie ihre Beute, die sie dann mit dem Gift, das ihre Giftklauen absondern, lähmt. Spinnen können keine feste Nahrung zu sich nehmen. Deshalb spucken sie Verdauungssaft in ihre Beute, sodass das Insekt schon vorverdaut wird. Dann saugt die Spinne das Tier aus.

Einfach ausprobiert.

Beobachte eine Radnetzspinne dabei, wie sie ihr Nest baut: An einem fertigen Netz sitzt die Spinne oft irgendwo am Rand versteckt und bleibt mit ihm über einen Signalfaden verbunden. Was passiert, wenn du mit einem Grashalm das Netz berührst und etwas wackelst?

Ein Spinnennetz entsteht

Die Kreuzspinne baut ihr Netz immer nach demselben Prinzip:

Zuerst wird der Tragfaden zwischen zwei Zweigen gesponnen.

Dann seilt sich die Spinne in der Mitte ab.

Als Nächstes spinnt sie Fäden, die den äußeren Rahmen des Netzes bilden.

Dann zieht die Spinne Speichen in ihr Netz und verbindet sie durch eine Spirale.

Ein Paradies für Schmetterlinge! Unterscheiden sie sich nur in Farbe, Muster und Größe? Nein! Es gibt viele verschiedene Arten – über 160.000: leuchtend bunte Tagfalter und recht unscheinbare Nachtfalter. Es gibt Wanderfalter, Falter, die nur einen Tag leben, und solche, die über ein Jahr alt werden können. Fast alle ernähren sich von Blütennektar.

Eiablage

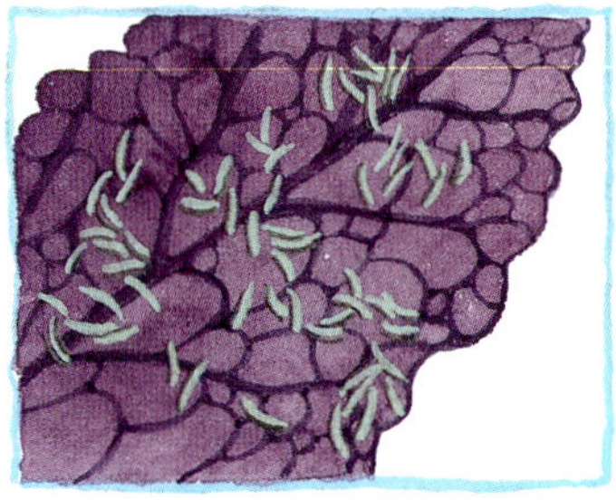

Die Raupen sind geschlüpft . . .

Verwandlungskünstler

Einen großen Teil seines Lebens sieht ein Schmetterling gar nicht aus wie ein Schmetterling. Er gehört zu den großen Verwandlungskünstlern in unserem Tierreich. In seinem meist kurzen Leben durchläuft er vier verschiedene Entwicklungsstadien: Ei, Larve, Puppe, Schmetterling.

Vom Ei zum Schmetterling

. . . und häuten sich.

Endlich ausgewachsen!

Die Raupe spinnt sich ein.

Ungeheurer Appetit

Nach der Paarung legt das Schmetterlingsweibchen seine Eier an Blättern der bevorzugten Pflanzenart ab. Um sie vor Fraßfeinden zu schützen, platzieren Schmetterlinge ihre Eier häufig auf die Unterseite der Blätter. Nach wenigen Wochen schlüpfen aus diesen Eiern die Larven, die man auch Raupen nennt. Vom ersten Augenblick an zeigen die kleinen Raupen einen ungeheuren Appetit. Sie ernähren sich häufig nur von einer Pflanzenart. Rasch werden sie größer und nach und nach entwickeln sich ihre Beine. Dabei häuten sie sich mehrfach.

Puppe

Der Schmetterling schlüpft.

Ein Puppenbett aus Seide

Wenn die Raupen zur vollen Größe herangewachsen sind, spinnen sie sich in seidige Fäden ein. Der Spinnstoff kommt aus einer Öffnung ihrer Unterlippe hervor und wird sofort hart. Langsam schnürt sich die Raupe so in ihren Kokon ein. Nun hat sie das Puppenstadium erreicht und darf nicht mehr gestört werden. Nach einigen Wochen hat sich die Puppe im Kokon in einen schönen Schmetterling verwandelt. Der sprengt den Kokon, breitet seine Flügel aus, lässt sie trocknen und fliegt davon.

Einfach ausprobiert!

Gut beobachten kannst du die Entwicklung von der Raupe bis zum Schmetterling, wenn du ein paar Raupen für eine gewisse Zeit eine Heimat in einem großen Glas schaffst. Pflücke unbedingt auch ein paar Zweige der Pflanze, auf der du die Raupen gefunden hast. Du kannst sie in einen mit Wasser vollgesogenen Schwamm stecken, damit sie nicht so schnell verdorren. Das Glas verschließt du oben mit feiner Gaze, damit die Raupen ausreichend Licht und Luft bekommen. Nach der Verpuppung kann es oft ein halbes Jahr dauern, bis man sehen kann, wie der fertige Schmetterling ausschlüpft. Gib ihm gleich seine Freiheit zurück!

In der Luft

Über der Wiese zirpt und zwitschert es. Was für ein Geflatter! Was für ein Rauschen! Die bunten Blumen werden von Schmetterlingen, Bienen, Käfern und Schwebfliegen besucht. Zikaden und Heupferdchen springen aufgeschreckt durch die Luft. Schwalben jagen über den Pflanzen nach Insekten und hoch oben ziehen Greifvögel wie Habicht und Turmfalke ihre Kreise.

Eine frische Blütenmahlzeit

Viele Insekten ernähren sich von Nektar und Pollen. Die duftenden Blüten locken die Insekten an. Denn wenn sie von Blüte zu Blüte fliegen, bestäuben sie die Pflanzen und sorgen so für deren Nachkommen. Schmetterlinge und Hummeln haben besonders lange Saugrüssel und können daher den Nektar leicht aus den langen Blütenkelchen von Lichtnelke und Rotklee lecken. Die Blütendolden der Wilden Möhre sind ein beliebter Landeplatz von Käfern und Schwebfliegen.

Heuschrecke

Zikade

Große Sprünge

Heuschrecken und Zikaden sind nicht miteinander verwandt. Dennoch gibt es Gemeinsamkeiten. Beide Tiere haben kräftige Sprungbeine und fliehen mit großen Sprüngen. Wie die Heuschrecke kann die Singzikade zirpen. Sie lebt aber in warmen Gegenden meist an Bäumen und ist recht selten. Wiesenzikaden dagegen singen nicht.

Stieglitz

Goldammer

Was den Vögeln schmeckt

Einige ehemalige Waldvögel sind in die Kulturlandschaft des Menschen umgezogen. Feldsperling, Goldammer, Grasmücke und Stieglitz brüten in Hecken und Obstbäumen. Ihre Nahrung suchen sie auf Feldern und Wiesen. Der farbenprächtige Stieglitz heißt auch Distelfink, denn der Samen von Disteln ist seine Lieblingsspeise. Grasmücken naschen lieber Beeren und Früchte. Der Feldsperling ist nicht wählerisch und vertilgt, was ihm vor den Schnabel kommt. In großen Schwärmen fallen diese Vögel in Getreidefelder ein und fressen sich dort satt.

Feldsperling

Lerche und Turmfalke

Bei einem Frühlingsspaziergang über Wiesen und Felder fallen besonders zwei Vögel in der Luft auf. Die Lerche und der Turmfalke verstecken sich nicht in Bäumen oder Büschen, sondern sind häufig am Himmel zu beobachten. Die Lerche singt ihren Revieranspruch weit über die offene Landschaft. Der Turmfalke wartet in der Luft stehend auf Beute und stürzt sich dann in die Tiefe.

Versteckt am Boden

Lerchen sind ursprünglich Steppenvögel und fühlen sich in unserer Kulturlandschaft wohl. Sie verbringen viel Zeit am Boden, wo sie nach Sämereien, Insekten und Würmern suchen. Auch ihr Nest, in dem sie ihre Jungen aufziehen, bauen sie am Boden. Die Vögel verlassen sich auf die Tarnung ihres unscheinbar erdfarbenen Gefieders. Auf ihren stämmigen Beinen sind sie ausdauernde Läufer.

Im Rüttelflug auf Beutefang

Der Turmfalke kann im Rüttelflug in der Luft auf der Stelle stehen. Wenige Meter über dem Boden flattert er schnell mit den Flügeln und spreizt den Schwanz schräg abwärts. So hat er die Wiese immer im Blick und wartet auf ein Beutetier. Entdeckt er eine Maus, lässt er sich fallen und schlägt die Beute mit seinen scharfen Krallen. Meist verschlingt er seinen Fang am Boden. Wenn er Junge hat, bringt er das Futter zum Nest.

In schwindelnder Höhe

Der Turmfalke baut seinen Horst, so heißen die Nester der Greifvögel, an hoch gelegene Stellen. Bäume und Felswände bieten natürliche Nistmöglichkeiten. Doch häufig findet man einen Horst in hohen Gebäuden und Türmen. Daher hat der Vogel seinen Namen.

Das Weibchen brütet die Eier aus und wird in dieser Zeit vom Männchen gefüttert. Sind die Küken etwas größer, gehen beide Eltern auf Beutefang. Turmfalken kümmern sich aufmerksam um ihre Jungen und verteidigen sie gegen Feinde.

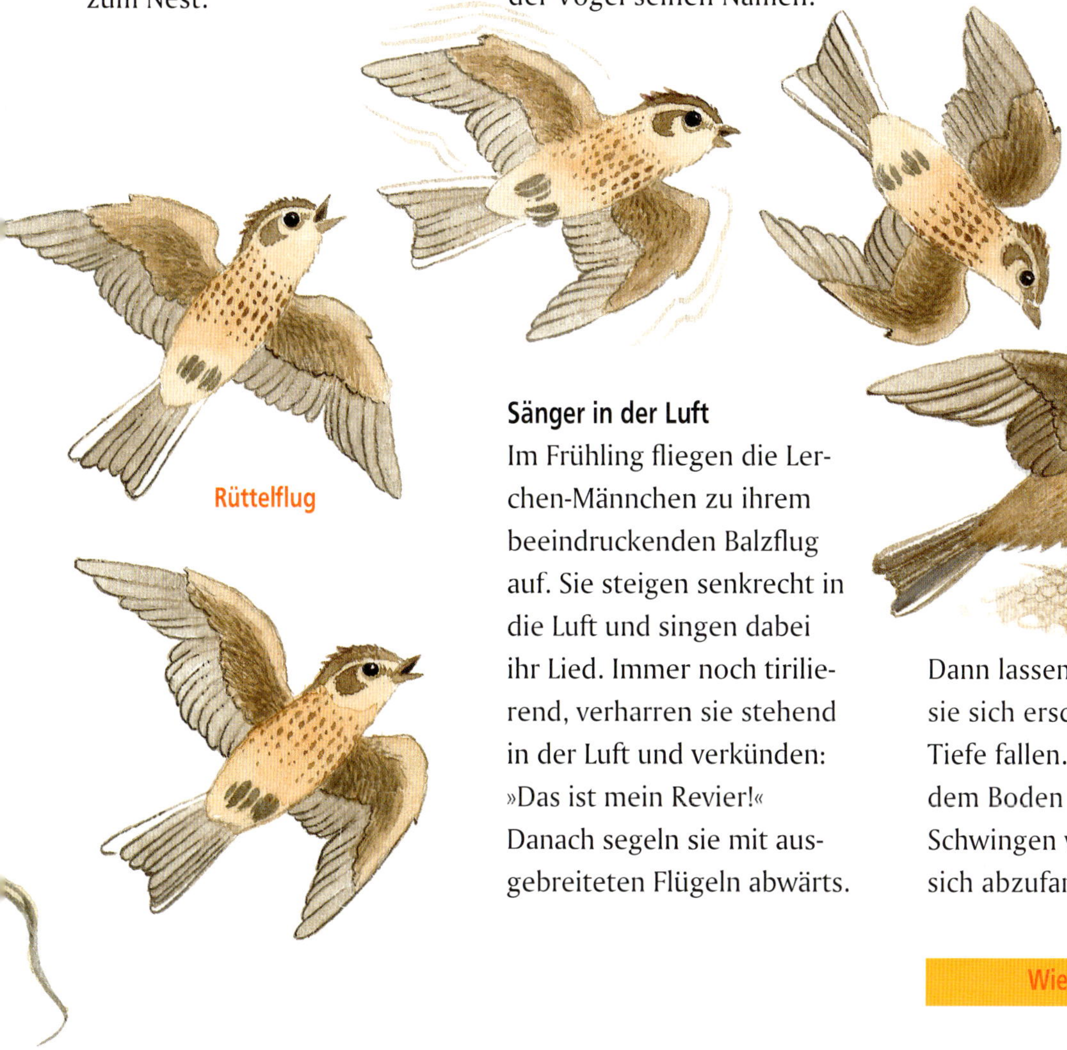

Rüttelflug

Sänger in der Luft

Im Frühling fliegen die Lerchen-Männchen zu ihrem beeindruckenden Balzflug auf. Sie steigen senkrecht in die Luft und singen dabei ihr Lied. Immer noch tirilierend, verharren sie stehend in der Luft und verkünden: »Das ist mein Revier!« Danach segeln sie mit ausgebreiteten Flügeln abwärts.

Dann lassen sie sich erschöpft in die Tiefe fallen. Erst kurz vor dem Boden breiten sie ihre Schwingen wieder aus, um sich abzufangen.

Auf Wiesen und Weiden

Wiesen und Weiden sind für die Tiere da – und vom Menschen geschaffen, um Haustiere wie Rinder und Schafe zu ernähren. Früher nutzte ein ganzes Dorf große Weideflächen gemeinsam und die Tiere suchten sich die besten Leckerbissen aus. Um die Futterpflanzen besser zu verwerten, hielt man dann lieber größere Herden auf eingegrenzten Weiden.

Gräser wachsen weiter

Pflanzen auf Wiesen und Weiden müssen damit zurechtkommen, dass sie abgefressen oder abgemäht werden. Sie müssen weiterwachsen und rechtzeitig Blüten und Samen hervorbringen, die ihre Verbreitung sichern.

Für Gräser ist das kein Problem. Ihr Wachstumszentrum liegt am unteren Teil der Pflanze und nicht wie bei vielen anderen Pflanzen an der Spitze. Sie können sich durch Wurzelausläufer verbreiten und bringen schnell Blüten hervor.

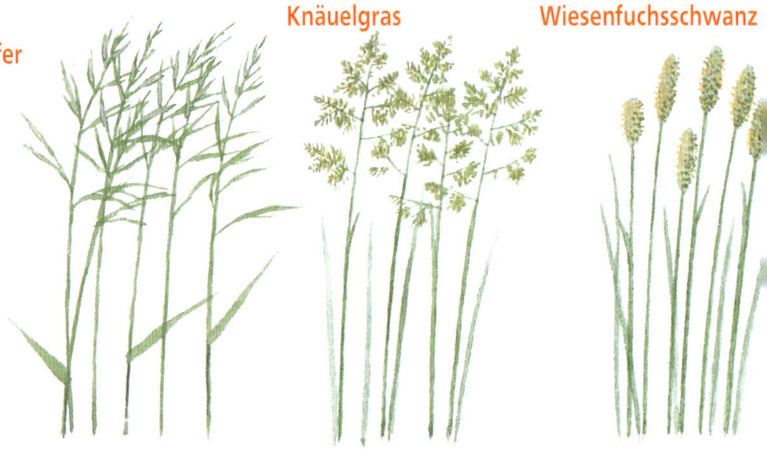

Scharbockskraut

Wiesenschaumkraut

Löwenzahn

Gänseblümchen

Wiesenkräuter im Jahreslauf

Auch einige Kräuter können auf Wiesen und Weiden gedeihen. Sie haben sich den Bedingungen angepasst und sind daher anderen Kräutern gegenüber im Vorteil. So kommen wenige Arten auf dem Grünland in großen Mengen vor. Im Frühjahr wachsen Scharbockskraut und Wiesenschaumkraut. Sie werden abgelöst von Löwenzahn Gänseblümchen und Hahnenfuß. Im Sommer blühen Rotklee, Vogelwicke und Wiesenstorchschnabel.

Wiesenstorchschnabel

Rotklee

Vogelwicke

Hahnenfuß

Was ist eine Fettwiese?

Landwirtschaftlich stark genutzte Wiesen heißen Fettwiesen. Sie werden zwei- bis dreimal im Jahr gemäht und regelmäßig gedüngt. Das Grünfutter bekommen die Stalltiere oder die Pflanzen werden frisch in Silos gefüllt, zusammengepresst und dienen später als vergorenes Silofutter. Gemähtes Gras lässt man auch auf der Wiese trocknen. In großen Ballen wird das Heu als Viehfutter gelagert.

Weideinseln

Auf den Weiden werden die Tiere vom Frühjahr bis zum Herbst gehalten. Sie suchen sich das beste Futter aus. Pflanzen mit Stacheln, harten Blättern oder unangenehmem Geschmack werden verschmäht. So bleiben Disteln, Wolfsmilch und Hahnenfuß als Weideinseln stehen. Deshalb müssen auch die Weiden gemäht werden, sonst nehmen die unbeliebten Pflanzen überhand.

Wiesenschwingel

Rispengras

Wer arbeitet auf der Wiese?

Auf der Wiese gibt es viel zu tun: Rinder und Schafe müssen versorgt werden. Das Gras wird als Grünfutter gemäht und als Heu gelagert. Einen großen Teil dieser Arbeiten verrichten der Schäfer und der Landwirt. Wenn man einen solchen Beruf ausüben will, muss man bereit sein, viele Stunden täglich im Freien zu verbringen – auch bei Hitze und Regen.

Mit den Schafen unterwegs

Mit der Hilfe seiner Hunde hütet der Schäfer seine Herde. Er muss auch für die Gesundheit der Tiere sorgen und kranke Schafe behandeln. Monatelang zieht der Wanderschäfer von Weide zu Weide, ohne sein Zuhause zu sehen. Er muss tagelang ohne menschliche Gesellschaft auskommen und auch am Wochenende arbeiten.

Der Wanderschäfer nutzt vor allem die Weiden, die sich nicht zur Futtergewinnung eignen, weil dort nicht mit der Mähmaschine gemäht werden kann. Die Schafe »mähen« empfindliche Weiden wie Streuobstwiesen, Trockenrasen oder Wiesen in Naturschutzgebieten schonend ab.

Ein Schaf bekommt einen Verband.

Heute ist Schafschur

Damit die Schafe im Sommer keinen Hitzestau erleiden, werden sie bis in den Juni hinein geschoren. Man treibt die Tiere in eine eingezäunte Fläche und schert sie mit der Schermaschine.

Viele Schäfer kümmern sich auch um den Verkauf der Wolle und der Schafsmilch. Der Schäferberuf ist einer der ältesten Berufe der Welt.

Beim Scheren

Heuernte heute und früher

Der Landwirt erntet das Heu. Er düngt die Fettwiesen und sorgt so für Nachschub an Nährstoffen, die der Wiese durch die Futtergewinnung genommen werden. Wenn im Sommer die Gräser kurz vor der Blüte stehen, mäht der Landwirt mit der Mähmaschine die Weiden ab.

Damit es nicht schimmelt, muss das Heu trocknen. Anschließend fährt der Landwirt mit der Heupresse über die Weide, die das Heu zu handlichen Paketen formt. Die kommen auf den Ballenwagen und werden rechtzeitig vor dem nächsten Regen in die Scheune gebracht – als Futtervorrat.

Als es noch keine Mähmaschinen gab, ernteten die Bauern das Heu mit der Sense. Zum Trocknen wurde es mit Forken regelmäßig gewendet. Meist sammelten die Frauen und Kinder das Heu zu Bündeln zusammen, die mit dem Pferdewagen zur Scheune transportiert wurden.

Wo gibt es prächtige Orchideen und Wärme liebende Pflanzen aus Süd- und Osteuropa? Wo tummeln sich seltene Insekten wie die Gottesanbeterin, der Schwalbenschwanz oder der Admiral? Auf dem Trockenrasen! Denn hier wachsen mehr unterschiedliche Pflanzenarten als auf den wirtschaftlich genutzten Fettwiesen. Und diese Pflanzen locken Insekten an.

Schwalbenschwanz

Admiral

Gottesanbeterin

Wärme, Kalkgestein und wenig Nährstoffe

Bei uns entstehen Trockenrasen auf Böden über Kalkgestein, vor allem in warmen, regenarmen Regionen. Die Böden sind locker und krümelig. Durch das wasserdurchlässige Kalkgestein fließt das Regenwasser schnell ab. Die vielfältige Pflanzen- und Tiergemeinschaft kann nur bestehen, wenn die Wiesen selten gemäht und nicht gedüngt werden. Die Pflanzen des Trockenrasens können lange Trockenheit und hohe Temperaturen genauso gut verkraften wie den Mangel an Nährstoffen.

Was ist ein Trockenrasen?

Affenknabenkraut

Brauner Ragwurz

Kuhschelle

Schutz gegen die Trockenheit

Die Wurzeln von Trockenrasenpflanzen reichen weit in den Boden hinein. So kommen die Pflanzen auch während langer Trockenperioden an Wasservorräte tief unter der Erde. Die Blätter haben oft eine kräftige, lederartige Oberfläche oder Überzüge aus sternförmigen Haaren oder Wachs. Damit wird die Wasserverdunstung verringert.

Gäste aus dem Süden und Osten

Nach der letzten Eiszeit gab es in Mitteleuropa Zeiträume, in denen es sehr warm war. So gelang es Pflanzen aus dem Mittelmeerraum und aus den Steppen Osteuropas, sich bei uns anzusiedeln. Viele dieser Pflanzen sind nur auf Trockenrasen zu finden, denn in den feuchteren und kälteren Regionen Deutschlands fühlen sie sich nicht wohl.

Aus dem Mittelmeergebiet stammen Orchideen wie das Affenknabenkraut, der Hundswurz oder der Braune Ragwurz. Auch die Gottesanbeterin ist ursprünglich in Südeuropa zu Hause. Aus dem Osten kommen die Kuhschelle, Futter-Esparsette und der Diptam.

NA, SO WAS!

Der Diptam stammt aus dem Südosten Europas. Am oberen Stängel und im Blütenstand hat er braune Drüsen, die ätherische Öle absondern, die nach Zitrone duften. Besonders viele Drüsen sitzen an den reifen Fruchtkapseln. An heißen und windstillen Tagen könnte es gelingen, den Mantel aus verdampfendem Öl, der sich um einen Fruchtstand bildet, anzuzünden. Wegen der Brandgefahr ist das aber streng verboten!

Futter-Esparsette

Diptam

Orchideenparadies

Was für ungewöhnliche Blütenformen! Sie ähneln Frauenschuhen oder bunten Vögeln, sehen aus wie Bienen oder sogar wie kleine Äffchen.
All diese Pracht dient dem Zweck, Insekten anzulocken, die die Blüten befruchten sollen. Kaum eine Pflanzengruppe bringt so schöne, farbenfrohe Blüten hervor wie die Knabenkräuter. Man nennt sie auch Orchideen.

Pollenpost

Die meisten Blütenpflanzen werden häufig von nahrungssuchenden Insekten besucht. Und jedes Mal bleibt ein kleiner Teil des Pollens am Insekt haften und wird an die nächste Blüte weitergegeben.
Orchideen sichern sich mit nur wenigen Besuchern die Befruchtung. Ihr gesamter Pollenvorrat wird in zwei Päckchen zusammengefasst. Diese werden einzeln oder manchmal auch zusammen an den Blütenbesucher geklebt. Nun ist der ganze Pollen aufgebraucht. Umso wichtiger ist es, dass der Pollenträger seine Fracht auch tatsächlich bei einer Orchidee der gleichen Art abliefert.
Deshalb hat jede Orchidee ihren eigenen Bestäuber. Blütenformen und Düfte locken ein bestimmtes Insekt an, das auf diese Orchidee spezialisiert ist und bevorzugt diese Art besucht. So gelingt es, das Pollenpäckchen an die richtige Adresse zu schicken.

NA, SO WAS!

Wusstest du, dass ...

... Orchideen auch als Zimmerpflanzen sehr beliebt sind?

... es in Europa etwa 250 Orchideenarten gibt?

... es Orchideen gibt, die auf Felsen oder Steinen wachsen können?

... es im tropischen Regenwald Orchideen gibt, die auf Bäumen wachsen?

... die Gewürzvanille auch eine Orchidee ist?

Frauenschuh

Kleines Waldvögelein

Gespielte Verführung

Besonders raffiniert locken die Ragwurzorchideen ihre Bestäuber an. Sie werden von Hummeln, Wespen und Wildbienen bestäubt. Der Trick: Die Blüten sehen ihren Besuchern ähnlich. So gibt es Dolchwespenweibchen mit roter, pelziger Behaarung und glänzend blauen Flügeln. Die behaarte Lippe der Spiegelragwurz glänzt wie die Flügel einer Dolchwespe. Auch der Duft, den die Wespenweibchen verströmen, wird von der Orchidee nachgeahmt. Fliegt ein Dolchwespenmännchen vorbei, glaubt es, ein Weibchen gefunden zu haben, und steuert die Blüte an, um sich zu paaren. Bei seinem Besuch wird ihm das Pollenpäckchen angeklebt. Fliegt das Männchen weiter, wird es von der nächsten Spiegelragwurzblüte angelockt, die ebenfalls ein Weibchen nachahmt. So kommt das Pollenpäckchen mit Sicherheit bei der richtigen Blüte an.

Leben auf der Feuchtwiese

Das Wasser steht auf der Wiese bis weit ins Frühjahr hinein. Wie kommt das nur? Es kann nicht versickern, da dieser Boden kaum wasserdurchlässig ist. Außerdem steht das Grundwasser so hoch, dass die Wiese feucht oder sumpfig ist. Solche Wiesen nennt man Feuchtwiesen oder Sauerwiesen. Nicht viele Pflanzen können hier wachsen.

Pfeifengras

Segge

Lungenenzian

Nasse Füße

Sauergräser wie das Pfeifengras oder die Segge überstehen nasse Füße gut. Daneben gibt es wunderschöne Blumen: Lungenenziane, einige Orchideen und verschiedene Irisarten. Auch Sumpfdotterblumen und Sumpfschwertlilien sind Überlebensspezialisten auf feuchten Böden. Im Frühsommer erkennt man feuchte Wiesen an ihrem zartrosa Schleier: Es sind die dicht beieinanderstehenden Blüten der Kuckucksnelke. Später färben der Teufelsabbiss und die Gemüsedistel die Feuchtwiese violett und gelbgrün. Mädchensüß und Bachnelkenwurz wachsen sogar auf sehr sumpfigen Wiesen.

Sumpfdotterblume

Sumpfschwertlilie

Kuckucksnelke

Gemüsedistel

Bachnelkenwurz

Wasser liebende Tiere

Viele Tiere sind auf den feuchten Wiesen zu Hause. Amphibien und Libellen fühlen sich in der Nähe der Teiche und Tümpel des Feuchtgebiets wohl. Auch Brachvögel, Kiebitze, Uferschnepfen, Braunkehlchen, Störche oder Reiher sind oft auf den Feuchtwiesen anzutreffen. Sie suchen dort nach Nahrung oder nisten gut versteckt zwischen den Gräsern.

Kiebitz

Uferschnepfe

Der Feuersalamander ist auffällig gefärbt, um Fressfeinde abzuschrecken.

Bedrohter Lebensraum

Die Seggen, die auf Feuchtwiesen stark verbreitet sind, haben harte und scharfe Blätter. Als Futterpflanzen für das Vieh sind sie daher schlecht geeignet. Andere Pflanzen wachsen nur langsam. Deshalb kann der Bauer eine Feuchtwiese meist nur einmal im Jahr mähen.
Vor 50 bis 100 Jahren verwandelten die Bauern viele Feuchtwiesen in Fettwiesen, um die Wiesen besser zu nutzen. Das Wasser wurde mit Drainagen abgeführt oder der Boden gedüngt, sodass sich hochwertige Futterpflanzen ansiedeln konnten.
Damit ging aber der Lebensraum vieler Pflanzen und Tiere verloren. Um ihr Überleben zu sichern, erklärte man einige Feuchtwiesen zu Naturschutzgebieten.

Auf Stelzen unterwegs

Klapper-Geplapper! Der Storch ist da. Er liebt die Feuchtwiese genau so wie der Reiher. Die beiden haben eines gemeinsam: Sie gehören zur Familie der Stelzvögel. In der Nähe von Teichen, Weihern oder sumpfigen Gebieten fühlen sie sich zu Hause und bauen ihre Nester hoch in die Wipfel der Bäume am Rand der Feuchtwiese.

Keine Chance für Schädlinge

Storchenmännchen und -weibchen sehen gleich aus, doch das Männchen ist größer und schwerer. Manche Störche können eine Flügelspannweite von über zwei Metern haben. Seine langen roten Beine und der lange rote Schnabel machen den Storch unverwechselbar.

Auf der Suche nach Insekten, Regenwürmern, Fröschen, Eidechsen, Raupen oder Käfern schreitet er die Wiese ab. Weil Störche einen gewaltigen Appetit haben, gehören sie zu den wichtigsten Schädlingsvertilgern.

Klappersprache

Störche geben nicht wie andere Vögel Laute von sich, sondern sie klappern zur Verständigung mit dem Schnabel. Dabei legt der Storch den Kopf weit zurück. Er klappert zur Begrüßung, beim Balzritual oder wenn er fremde Störche von seinem Nest vertreiben will.

Der Storch zieht um

Manchmal sieht man Storchennester – auch Horste genannt – auf Kirchtürmen oder auf Hausdächern. Weil die Bauern viele Feuchtwiesen in Weiden verwandelt haben, finden die Störche dort keine Nahrung mehr. Auch der Einsatz von Insektenvernichtungsmitteln in der Landwirtschaft ist für die Tiere gefährlich. Sie sind dem Menschen in die Dörfer gefolgt. Dort fanden sie Schutz vor ihren Feinden. Da ihr Lebensraum schwindet, sind Störche bei uns selten geworden.

NA, SO WAS!

Wusstest du, dass . . .

. . . Störche bis zu 33 Jahre und Graureiher bis zu 26 Jahre alt werden können?

. . . Störche in Märchen als Glücksbringer gelten?

. . . Störche Langstreckenrekordflieger sind? Auf ihrem Weg in den Süden können sie bis zu 10.000 Kilometern zurücklegen!

Die Kolonie hält zusammen

Der Graureiher ist fast so groß wie der Storch, aber er sieht anders aus. Im Flug zieht er den Hals s-förmig ein und krächzt gern. Seit der Graureiher bei uns unter Schutz steht, hat er sich wieder stark vermehrt. Reiher leben in großen Gruppen – den Kolonien – zusammen. Um das Nistmaterial können sich die Vögel lebhaft streiten, doch die Kolonie hält fest zusammen, wenn die Jungen gegen Krähen verteidigt werden müssen.

Auf Nahrungssuche

Stocksteif und lange verharrt der Reiher auf der Feuchtwiese. Er wartet auf Feldmäuse. Aber auch Vogeleier oder sogar Jungvögel verspeist er gern. Mit gesenktem Kopf stelzt er durchs Wasser, um blitzschnell kleine Fische, Frösche, Wasserinsekten oder Schlangen zu erbeuten.

Auf der Streuobstwiese

Die Streuobstwiese ist ein kleines Paradies. Eichhörnchen und Fuchs, die sonst im Wald leben, halten sich hier auf. Auch Schmetterlinge, Igel, Maulwürfe und Blindschleichen sind anzutreffen. Insekten dienen Fledermäusen und Vögeln als Nahrung. Viele vom Aussterben bedrohte Tiere und Pflanzen finden auf der Streuobstwiese ein letztes Rückzugsgebiet.

Was summt und brummt denn da?

Wenn im Frühling die Obstbäume auf der Streuobstwiese in voller Blüte stehen, kann man ein lebhaftes Treiben zwischen den Zweigen beobachten. Es summt und brummt in einem fort. Auf der Suche nach Nahrung besuchen Tausende Bienen und Hummeln die Obstbäume und bestäuben beim Sammeln des Blütennektars und der Blütenpollen die Obstblüten. Erst dann können sich daraus während des Sommers saftige Früchte entwickeln.

NA, SO WAS!

Wusstest du schon . . .

. . . dass über 5.000 Tier- und Pflanzenarten auf den Streuobstwiesen in Mitteleuropa zu Hause sind?

. . . dass sich auf einem Quadratmeter Streuobstwiese bis zu 25.000 Tiere aufhalten können?

. . . dass viele Streuobstwiesen im 17. und 18. Jahrhundert entstanden sind? Damals mussten junge Männer, die heiraten wollten, zehn Obstbäume pflanzen.

Apfelbaum

Birnbaum

Mirabellenbaum

Lauter Obstbäume

Weil auf einer großen Wiese verstreut viele, meist unterschiedlich alte Obstbäume stehen, spricht man von einer Streuobstwiese. Dort finden sich die verschiedensten Obstsorten: Äpfel, Birnen, Mirabellen, Quitten, Zwetschgen, Pflaumen oder Kirschen. Besonders früher gab es noch mehr Sorten wie Prinzenapfel, Kirkespflaume oder Muskatellerbirne. Leider wurden manche dieser alten Obstsorten verdrängt. Deshalb lohnt es sich, Äpfel, Birnen und Pflaumen vom Wochenmarkt zu kosten. Bestimmt schmeckst du Unterschiede zu den bekannten Supermarktäpfeln.

Quittenbaum

Kleine Räuber unterwegs

Nicht nur wir Menschen freuen uns auf die reifen Früchte der Obstbäume. Oft lassen sich auch unvermutete Räuber auf frischer Tat ertappen. Füchse klettern sogar auf Kirschbäume, um an die süßen Früchte zu kommen. Das kann der Igel nicht, doch er knabbert gemütlich am Fallobst.

Zwetschgenbaum

Kirschbaum

Wie in Urgroßmutters Zeiten

Wenn man früher aus einem Dorf herausspazierte, kam man zuerst durch Streuobstwiesen, bevor das eigentliche Feld begann. Die Dörfler verarbeiteten die Früchte zu Kuchen, Saft oder Kompott. Für den Winter trocknete man das Obst oder kochte es ein. Heute bieten Naturschutzvereine Streuobstwiesen-Abenteuer an – ganz wie in Urgroßmutters Zeiten.

Zeit für die Apfellese

Im Herbst sind endlich die Äpfel reif. Leuchtend hängen sie am Baum, andere sind schon ins Gras geplumpst. Äpfel, die gleich gegessen oder im Keller eingelagert werden sollen, pflückt man von den Zweigen. Die Früchte zum Saftpressen werden vom Boden aufgesammelt, das heißt aufgelesen. Früher wusch man sie in einem Holzbottich ganz gründlich.

Wiesenküche

Bratapfel – das schmeckt im Winter

Entferne mit einem Apfelausstecher das Gehäuse aus einem gewaschenen Apfel. Lege ihn auf ein Stück Alufolie und fülle ihn abwechselnd mit gemahlenen Haselnüssen, Marmelade und Rosinen. Hebe die Ecken der Alufolie an und verdrehe sie miteinander. Der eingewickelte Apfel muss auf einem Backblech bei 250 Grad für 35 bis 45 Minuten in den Ofen. Lass ihn dir schmecken!

Einmal durch die Apfelpresse

Zuerst mussten die Äpfel zerkleinert werden. Dann wurde in der Apfelpresse der Saft aus dem Fruchtfleisch gedrückt. Zurück blieb ein Brei mit Resten aus Schalen, Gehäusen und Stielen, der an die Schweine verfüttert wurde. Oft goss man den entstandenen Most durch Leintücher, um ihn zu klären.

Getrocknete Apfelringe

Um Äpfel für den Winter haltbar zu machen, wurden sie getrocknet. Das Kerngehäuse wurde aus dem Apfel herausgestochen und der Apfel in Ringe geschnitten. Bei geringer Hitze trocknete man die Ringe langsam über dem Herd. Im Winter wurden die Apfelringe statt frischem Obst gegessen. Manchmal kochten die Bauersfrauen mit anderem Dörrobst auch Dörrobstsuppe davon, die lecker zu Milchnudeln oder Pfannkuchen schmeckte.

Abendspaziergang am Wiesenrand

Was für eine schöne, warme Sommernacht! Die Wiesen und Hecken sind auch jetzt voller Leben. Doch um diese Zeit sind die Menschen meist zu Hause und die Kinder im Bett. Es lohnt sich aber, eine Ausnahme zu machen und einen Nachtspaziergang zu unternehmen. In der Nacht entdecken wir vieles, was uns am Tag verborgen bleibt.

Nachtschwärmer

Nach Sonnenuntergang werden viele Insekten erst munter. Das Grüne Heupferd singt sein Lied. Eine Vielzahl von unscheinbar gefärbten Schmetterlingen fliegt nachts durch die Luft. Es sind Nachtschwärmer, die im Schutz der Dunkelheit auf Nahrungssuche gehen. Sie saugen mit ihrem langen Rüssel Nektar aus Blüten. Dabei müssen sie nicht auf der Blüte landen, sondern stehen wie ein Kolibri flatternd in der Luft. Aber auch sie haben Feinde. Fledermäuse orten die nächtlichen Fluginsekten mit ihrem Echolot.

Lärm im Gebüsch

Die Tiere, die tagsüber versteckt in der Hecke schlafen, wachen am Abend auf und gehen auf Nahrungssuche. Auch ohne Licht kann man den Igel sofort erkennen, wie er grunzend und schnüffelnd umherstreift und nach Insekten und Schnecken sucht. Wenn du ihn mit einer Taschenlampe anleuchtest, stört ihn das kaum. Man muss nur ganz leise sein, dann kann man den stacheligen Insektenfresser gut beobachten. In der Nacht findet der Igel auch Regenwürmer, die sich im Schutz der Dunkelheit aus der Erde hervorwagen.

Einfach ausprobiert!

Nimm ein weißes Tuch und eine starke Taschenlampe mit auf deinen Abendspaziergang. Breite das Tuch über einer Hecke aus und leuchte es mit der Lampe an. Durch die helle Fläche werden viele nachtaktive Insekten angelockt. Besonders Schmetterlinge, die auf dem Tuch landen und verweilen, kannst du beobachten.

Stummer Frosch

Auch der Grasfrosch geht am Abend auf Futtersuche. Besonders gern frisst er Fliegen, aber auch andere Insekten und Regenwürmer. Dieser bräunliche Frosch wird auch Stummer Frosch genannt, denn sein Paarungsruf ist nur ein unauffälliges, leichtes Gurren. Bei Gefahr duckt sich der Frosch flach auf den Boden und bedeckt seine Augen mit den Vorderbeinen. Er muss auf der Hut sein, denn nachts kreist der Steinkauz lautlos über Hecken und Wiesen. Auf der Suche nach nachtaktiven Mäusen verschmäht er auch den Grasfrosch nicht.

Wenn das Heupferd zirpt

Am Abend erklimmen die Grünen Heupferde die Büsche und beginnen mit ihrem Gesang. Damit wollen sie die Weibchen anlocken. Am Tag dagegen vernimmt man von diesen Tieren keinen Ton. Sie lauern stumm im Gras auf Beute. Mit ihren Dornen an den Vorder- und Mittelbeinen fangen sie Spinnen, Fliegen und Schmetterlinge.

Männchen

Weibchen mit Legebohrer

Heupferdchen-Chor

Im linken Vorderflügel verläuft eine besondere, harte Ader, die mit sägeartigen Zähnchen besetzt ist. Damit streicht das Grüne Heupferd über eine Schrillkante am rechten Vorderflügel. Jede Art hat eine eigene Erkennungsmelodie. So können sich die verschiedenen Heuschreckenarten am Gesang erkennen. Beginnt ein Männchen mit dem Zirpen, gesellen sich andere zu ihm und stimmen mit ein. Nach und nach bildet sich ein lautstarker Chor, der die Weibchen anlockt.

Schrillkante

So viele Melodien!

Sobald ein Grünes Heupferd ein Weibchen in seiner Nähe spürt, ändert es seine Melodie. Es zirpt das Werbelied, um das Weibchen für sich zu gewinnen. Dieses Zirpen ist sehr leise, damit der Rest des Chores nicht merkt, dass der Sänger ein Weibchen gefunden hat. Kommt ihm trotzdem ein Rivale in die Quere, stimmt das Heupferd einen Kriegsgesang an, um den Gegner abzuschrecken. Lässt er sich so nicht vertreiben, drohen sich die Männchen gegenseitig und schließlich kommt es zum Kampf. Wenn einer der Gegner aufgibt, lässt der Sieger ein Triumphzirpen erschallen.

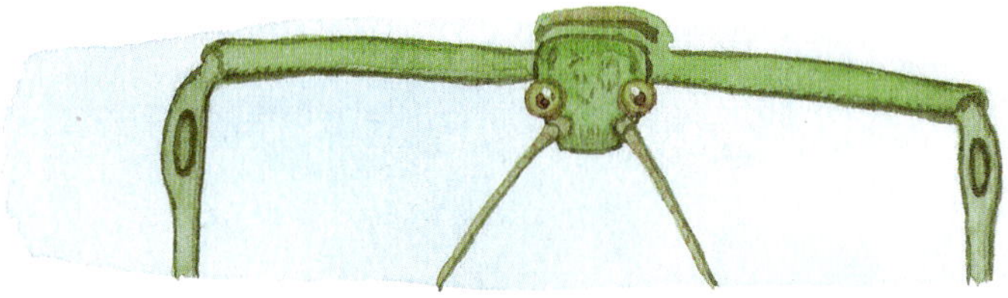

Mit den Beinen hören

Der Lockgesang der Grünen Heupferde ertönt an warmen Sommerabenden über mehrere Kilometer hinweg. Erstaunlicherweise hören die Tiere mit den Vorderbeinen. An jedem Vorderbein sitzt ein Hörorgan. Damit können sie die unterschiedlichen Melodien erkennen und die Richtung wahrnehmen, aus der das Zirpen kommt.

SCHON GEWUSST?

Der Biologe unterscheidet Langfühlerschrecken und Kurzfühlerschrecken. Die Familie der Heupferde, zu der auch das Grüne Heupferd zählt, gehört zu den Langfühlerschrecken. Die Familie der Grashüpfer dagegen zählt zu den Kurzfühlerschrecken. Sie unterscheiden sich in einigen Merkmalen von den Heupferden.

Grünes Heupferd

Wusstest du, dass . . .

. . . Grashüpfer nur Gräser fressen?

. . . Grashüpfer mit einer Sägekante an den Hinterbeinen über eine Kante an den Flügeldecken streichen, um Töne zu erzeugen?

. . . bei den Grashüpfern auch die Weibchen musizieren?

. . . sich bei Grashüpfern das Hörorgan am ersten Hinterleibsring befindet?

Grashüpfer

Glossar

Ansitz
Der Ansitz ist ein besonderer Platz in der Landschaft, von dem aus ein Raubvogel nach Nahrung Ausschau hält. Meistens sind es Hecken oder Bäume, die dem Vogel eine gute Sicht über das Revier bieten.

Antenne
Die langen Fühler der Insekten, in denen Sinnesorgane zur Wahrnehmung von Bewegungen und Gerüchen liegen, werden auch Antennen genannt.

Balz
Bevor sich Tiere paaren, werben sie durch unterschiedliche Verhaltensweisen umeinander. Diese Rituale nennt man Balzverhalten.

Borrelium-Bakterium
Dieses Bakterium ist ein Krankheitserreger, der von Zecken übertragen werden kann. Nach etwa zwei Wochen bildet sich um den Zeckenbiss ein roter Ring. Dann sollte man sofort zu einem Arzt gehen. Die Krankheit kann Gelenkschäden und Herzmuskelschäden hervorrufen.

Chlorophyll
So heißen die grünen Farbstoffe der Pflanzen. Sie färben die Blätter und Stängel grün und werden zur Herstellung der Nährstoffe in den Blättern benötigt. Im Herbst wird das Chlorophyll abgebaut. Die Blätter färben sich dann rot, gelb oder braun, denn jetzt sieht man die anderen Farbstoffe der Blätter.

Drainage
Um eine feuchte Wiese zu entwässern, muss das überschüssige Wasser abgeleitet werden. Dazu werden unterirdische Rohre mit Löchern verlegt, durch die das Wasser abfließt.

Echolot
Mit der Echolot-Methode können manche Tiere wie die Fledermaus Entfernungen abschätzen. Dazu erzeugen sie Töne im Hochfrequenzbereich, die der Mensch nicht wahrnimmt. Diese Töne werden von einem bestimmten Punkt aus gesendet. Treffen sie dann auf ein Hindernis, so werden sie reflektiert und zum Ausgangspunkt zurückgeschickt. Wie lange braucht der Ton? Auf diese Weise ermittelt das Tier die Entfernung zum Hindernis.

Einstandplatz
Der Einstandplatz ist ein Versteck, in das sich Tiere zurückziehen, wenn sie bedroht werden.

Fotosynthese
Pflanzen erzeugen ihre Nahrung selbst. Dieser Vorgang heißt Fotosynthese. An der Unterseite der Blätter befinden sich viele kleine Poren, durch die das Blatt jene Bestandteile der Luft aufnimmt, die Menschen und Tiere ausatmen: das Kohlendioxid. Mit Hilfe des Lichts wandeln die grünen Farbstoffe des Blattes sowohl das Kohlendioxid als auch das durch die Wurzeln aufgenommene Wasser und Nährsalze in Nahrungsstoffe um. Dabei entsteht auch Sauerstoff, der durch die Poren entweicht und den Menschen und Tieren zum Atmen dient.

Frühblüher
Das sind Blumen, die bereits sehr früh im Jahr blühen, sogar wenn noch Schnee liegt oder der Boden gefroren ist. In ihren Vorratskammern – den Zwiebeln, den Knollen oder den Wurzelstöcken – haben sie alle wichtigen Stoffe gespeichert, die sie für ein frühes Wachsen und Blühen benötigen.

FSME-Virus
Dieser Krankheitserreger kann von Zecken übertragen werden. Am Anfang fühlt man sich, als hätte man eine Grippe, daraus entwickelt sich eine Hirnhautentzündung. Der Fachausdruck für diese Form der Hirnhautentzündung ist Meningo-Enzephalitis. Die Krankheit tritt im Frühsommer auf, da dann die Zecken ihre Wirte aufsuchen und den Erreger übertragen. FSME ist eine Abkürzung für Frühsommer-Meningo-Enzephalitis.

Grundwasser
Wasser, das unterirdisch fließt, wird Grundwasser genannt. Grundwasser sammelt sich durch versickernden Regen oder versickerndes Wasser von Seen oder Flüssen.
Es befindet sich über einer wasserundurchlässigen Schicht in der Erde.

Horst
Das Nest eines Greifvogels nennt man Horst. Meist befindet es sich erhöht an schwer zugänglichen Stellen.

Jahresring
Die Jahresringe sind die Zuwachsringe im Holz von Bäumen. Man kann sie erkennen, wenn ein Baum abgesägt wurde. Jedes Jahr entwickelt der Baum eine neue Holzschicht um seinen Stamm. Dabei wächst das Holz im Frühling schnell und ist hell. Im Spätsommer und Herbst lässt das Wachstum nach und das Holz ist dunkler. So entsteht jedes Jahr ein Ring aus hellerem Holz, der von einem dunkleren Ring abgeschlossen wird. Wenn man die Jahresringe abzählt, kann man das Alter des Baumes bestimmen.

Keimblatt
Keimblätter sind die ersten Blätter, die aus einem Samenkorn wachsen. Die Keimblätter sind schon im Samen angelegt und können sich daher sehr schnell entfalten und die junge Pflanze versorgen. Die Keimblätter unterscheiden sich meist stark von den später wachsenden Laubblättern.

Klimazone
Die Erde wird aufgrund unterschiedlich intensiver Sonneneinstrahlung in verschiedene Klimazonen eingeteilt. Bei der Einteilung orientiert man sich an den durchschnittlichen Temperatur- und Niederschlagswerten der Gegend. Die fünf Hauptklimazonen liegen wie Gürtel um die Erde. Der heißeste und trockenste Klimagürtel liegt um den Äquator, die kältesten Klimazonen sind der Nord- und der Südpol. Die unterschiedlichen Umweltbedingungen der Klimazonen schaffen die verschiedensten Lebensräume für Tiere und Pflanzen, die sich optimal an ihre Region angepasst haben und woanders schlechter oder gar nicht überleben könnten.

Knolle
Eine Knolle ist das unterirdische Speicherorgan (Vorratskammer) eines Frühblühers. Anders als die Blumenzwiebel, die Nährstoffe in verdickten Blattorganen speichert, handelt es sich bei Knollen um verdickte Wurzelteile.

Kokon
Ein Kokon ist ein Gehäuse, das die Larven verschiedener Insekten anfertigen, um sich darin zu verpuppen. Sie verwenden dazu einen Saft, der aus Spinndrüsen als Flüssigkeit austritt, an der Luft aber sehr schnell zu Fäden erstarrt. Die werden dann von der Larve versponnen.

Kulturlandschaft
Kulturlandschaften sind keine natürlichen Landschaftsformen, sondern Landschaften, die vom Menschen landwirtschaftlich genutzt und gestaltet werden.

Larve
So nennt man die Jugendformen von Insekten und Amphibien, aus denen sich nach mehreren Häutungen die erwachsenen Tiere entwickeln. Insektenlarven sind ungeflügelt und haben häufig eine andere Lebensweise und andere Nahrungsgewohnheiten als ihre Eltern.

Nährsalz
Nährsalze sind Mineralsalze, die zur Ernährung der Pflanze nötig sind. Die Pflanzen nehmen diese über ihre Wurzeln oder Blattoberflächen auf und verarbeiten sie zu Nährstoffen.

Ökosystem
Ein Ökosystem ist eine Lebensgemeinschaft in der Natur. Die dazu gehörenden Lebewesen beeinflussen sich gegenseitig und hängen voneinander ab.

Parasit
Parasiten sind Lebewesen, die an oder in einem anderen Lebewesen leben oder sich von ihm ernähren. Dabei wird der Wirt geschädigt. Es gibt Parasiten – wie Zecken oder Stechmücken –, die ihren Wirt nur besuchen, um Blut zu saugen. Andere Parasiten, wie der Bandwurm, leben ständig in ihrem Wirt und vermehren sich dort.

Pollen
Pollen werden in Blüten produziert. Damit muss der Fruchtstempel einer anderen Blüte derselben Art bestäubt werden, sodass aus der Blüte ein Samen entstehen kann. Pollen können durch Wind, Wasser oder Tiere verbreitet werden.

Rosette
Von einer Blattrosette spricht man, wenn die Blätter einer Pflanze ungefähr auf einer Höhe sitzen und rund um den Stängel angeordnet sind. Häufig befindet sich die Blattrosette kurz über der Bodenoberfläche wie beim Löwenzahn.

Sasse
Sassen sind Mulden, in denen sich der Feldhase verborgen hält. Um sich vor dem Wind zu schützen, liegt er dort mit dem Kopf gegen den Wind.

Silo
Ein Silo ist ein großer Speicher für Futtermittel in der Landwirtschaft. Er wird von oben befüllt und von unten entnimmt man das Futter wieder. Normalerweise sind Silos bis zu 20 Meter hoch.

Singwarte
Die Singwarte ist ein besonderer Platz in der Landschaft, der von Singvögeln besetzt wird, um ihren Gesang vorzutragen.

Stärke
Stärke ist ein Energiespeicherstoff in Pflanzen. Stärke besteht aus Zuckermolekülen, die beim Abbau der Stärke frei werden und der Pflanze als Nährstoff zur Verfügung stehen.

Vollinsekt
Ausgewachsenes Insekt, das sich aus einer Larve oder Puppe entwickelt. Der Fachmann spricht auch vom Imago.

Zungenblüte
Bei Korbblütengewächsen – wie zum Beispiel dem Löwenzahn – entsteht der Eindruck, als säße eine große Blüte auf dem Stängel. In Wirklichkeit handelt es sich aber um viele kleine, röhrenförmige Zungenblüten, die wie in einem kleinen Körbchen zusammensitzen.

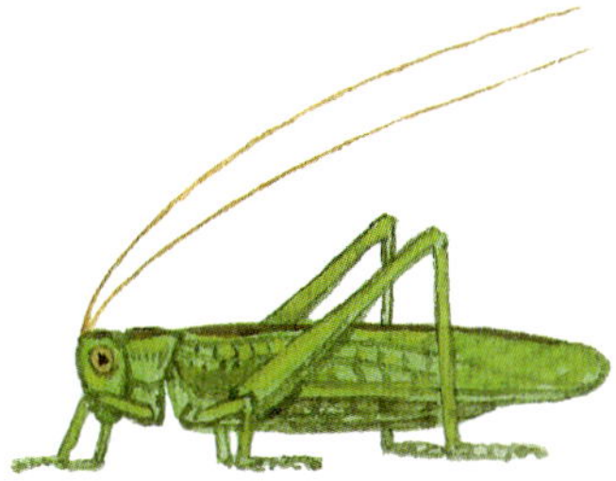

Bäume

Sträucher

Vögel

Säugetiere

Schnecken und Gliedertiere

Rote Wegschnecke

Schnirkelschnecke

Assel

Tausendfüßer

Amphibien und Reptilien

Waldeidechse

Blindschleiche

Ringelnatter

Kreuzotter

Insekten und Spinnentiere

Glühwürmchen

Aaskäfer

Bockkäfer

Hirschkäfer

Biene

Rote Waldameise

Blattlaus

Zecke

Amphibien und Reptilien

Erdkröte

Grasfrosch

Zauneidechse

Blindschleiche

Vögel

Rebhuhn

Goldammer

Turmfalke

Lerche

Säugetiere

Feldspitzmaus

Igel

Feldhase

Kaninchen

Erntemaus

Haselmaus

Mauswiesel

Hermelin

Kräuter und Blumen

Löwenzahn

Wiesen-Pipau

Schafgarbe

Wilde Möhre

Wiesenschaumkraut

Wiesenstorchschnabel

Vogelwicke

Wiesensalbei

Hahnenfuß

Kuhschelle

Gänseblümchen

Wiesenmargerite

Orchideen

Fliegenragwurz

Frauenschuh

Hundswurz

Kleines Waldvögelein

Mollusken, Gliedertiere und Spinnen

Rote Wegschnecke

Schnirkelschnecke

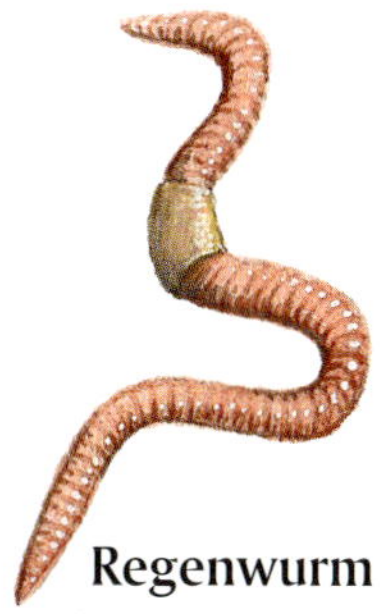
Regenwurm

Gartenkreuzspinne

Insekten

Hummel

Dolchwespe

Honigbiene

Deutsche Wespe

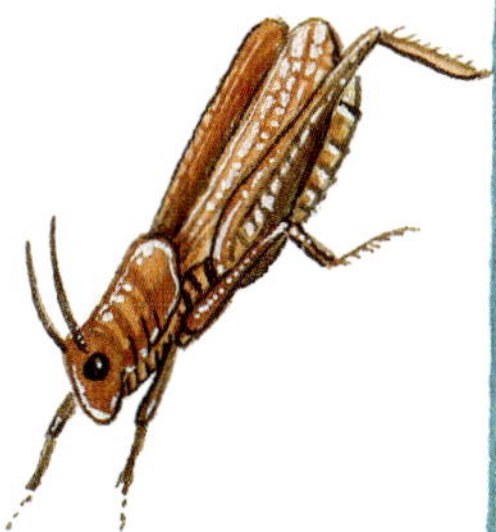
Grashüpfer

Heupferd

Maulwurfsgrille

Gottesanbeterin

Zitronenfalter

Schwalbenschwanz

Marienkäfer

Laufkäfer

Register